マンガ 生物学に強くなる

細胞、DNAから遺伝子工学まで

堂嶋大輔　作

渡邊雄一郎　監修

ブルーバックス

●カバー装幀／芦澤泰偉・児崎雅淑
●カバーイラスト／堂嶋大輔

作者まえがき

言うまでもないことですが、私たち人間は生物です（ですよね？）。

この地球上には人間（ヒト）のほかにもいろいろな動物や、植物、単細胞生物など、さまざまな生物が存在していて、その姿や生活様式はまさに多種多様です。一方で、その数千万種とも推測される生物すべてに共通するしくみや法則がある。みんな違うけれどみんな同じ、その多様性と共通性を知る面白さが生物学にはあります。

私たちの生活と生物は切っても切り離せません。私たちは毎日穀物や野菜、肉や魚など生物を食べて生きています。自分たちの健康も、生物のしくみによって維持されています。ニュースでも、生物に関係した話は、医学や環境問題など私たちの命や健康に直結したものも多いですよね。

しかし、「ミトコンドリアって何？」「染色体って何？」「ＤＮＡってどんな物質？」「遺伝子って結局何なの？　体の中でどう働いているの？」など、日常生活の中、ニュースなどでふだん耳にする言葉でも、どういう意味かと聞かれるとよくわからないものが少なくないと思います。そんな疑問に答えられるよう、この本では細胞のしくみやＤＮＡの働き、動物の個体が誕生して体の構造ができあがっていく生殖と発生のしくみ、そして「ＥＳ細胞」や「ｉＰＳ細胞」などニュースでも取り上げられることの多いバイオテクノロジーについて、マンガで解説しました。

生物学は、学ぶうえでどうしても図解が必要です。そして、子どもの頃からマンガと生物の両方が好きな私は、生物のさまざまな姿やたくみなしくみを面白く紹介するにはマンガが一番だと考えています。

この物語は、高校の生物部員たちが、国際生物学オリンピック出場を目指して勉強を始める、というところからスタートします。昔から「学校の理科の中でも生物は暗記科目でつまらない（つまらなかった）」という声をよく聞きます。また、最近、都道府県レベルの調査ですが、高校生の半分以上が素手で昆虫をさわれないという調査結果が報じられるなど、生き物の存在が身近でなくなっているようです。そんな現状はとてもさびしい。このマンガの中の生物部員たちと一緒に、いろいろ脱線しながら生物学を勉強して「生物の体ってうまくできているな」「生物学って面白いな」と思ってくれる人が一人でも増えてくれたら幸いです。

最後に監修者の渡邊雄一郎先生には、描きあがった原稿にたんねんに目を通していただき、的確な指導をいただきました。お礼申し上げます。

２０１４年６月

堂嶋大輔

もくじ

作者まえがき …………………………………………………3

Lesson0 ⇢ 生物部、挑戦！ ……………………………7
Lesson1 ⇢ 細胞——核とそのはたらき ……………19
Lesson2 ⇢ 細胞小器官 …………………………………34
Lesson3 ⇢ 遺伝子の本体DNA ………………………44
Lesson4 ⇢ 遺伝子DNAの発現 ………………………64
Lesson5 ⇢ 体細胞分裂と染色体 ………………………92
Lesson6 ⇢ 組織と器官 …………………………………110
Lesson7 ⇢ 生　殖 ………………………………………138
Lesson8 ⇢ 動物の発生 …………………………………165
Lesson9 ⇢ 発生の調節 …………………………………190
Lesson10 ⇢ 遺　伝 ………………………………………209
Lesson11 ⇢ バイオテクノロジー ……………………227
Last Lesson ⇢ 生物とは何か …………………………265

監修者あとがき ……………………………………………285
参考文献 ……………………………………………………287
索引／巻末

プラスワンポイント

- **0** 国際生物学オリンピックへの道 …… 18
- **1** 酵素とは？ …… 33
- **2** 核酸とうまみ成分 …… 53
- **3** 遺伝子の本体 …… 62
- **4** 糖について …… 91
- **5** 植物の組織と器官 …… 124
- **6** 雌雄同体 …… 151
- **7** 単為生殖（単為発生） …… 152
- **8** 被子植物の生殖――重複受精 …… 164
- **9** 羊膜動物（鳥類）の発生 …… 186
- **10** ヒトの発生 …… 188
- **11** 突然変異（1） …… 232
- **12** 突然変異（2） …… 233
- **13** 品種改良の例（金魚） …… 244

Lesson0 ▶▶▶ 生物部、挑戦！
キーンコーン
カーンコーン
市立
青葉楠高等学校
お？
こんなところに
クワコの終齢幼虫
おいで確保！

キクちゃん それ何？
クワコ…… カイコの野生種 なんですね
うん 繭《まゆ》を 作ってるとこ 観察できない かと思って
さあ 今日から 新学期の部活 スタートだね
菊樹《きくのき》 美可理《みかり》
2年　生物部部長
先輩たち 皆卒業して 私たち2人で 再出発ね
沢崎《さわさき》 史絵《ふみえ》
2年　生物部副部長

転任してきた生物部の新しい顧問の先生どんな人かな？
定年過ぎてた前の先生から代わって…
かっこいい先生で新入部員殺到したりなんて
史絵 眼鏡大丈夫？顔は始業式で見たでしょ
『生物準備室』
失礼しまーす

？
フッフッ
フッフッ
フッフッ
フッフッ
ハ！
ハッハッハ
先生
ハアい!?
新しい生物部顧問の木原先生ですよね？
お
おう来たか
よろしくお願いします
教諭・生物部顧問
木原 竹彦

俺の野望を実現する鍵が……
あ　いや
まあ座ってくれ
？
さて
今回君たちに来てもらった理由だが……
キリッ
普通に部活に来ただけですよ
まずは自己紹介ですね
いや
菊樹美可理
部長の君は去年「日本生物学オリンピック」10位入賞したそうだな
はい！
え?!
は　はいそうです
沢崎史絵
はい
文系クラスだが生物部副部長英語で校内トップ他教科も軒並み優秀だそうだな
そんな君たちに与える　使命《ミッション》だ！

ズバリ！
日本生物学オリンピック完全制覇！
日本生物学オリンピック それは「国際生物学オリンピック」日本代表選考を兼ねた高校生たちの＊学力コンテストである
合宿形式で行われる本選は筆記に加え実験問題も課せられる
7月に全国で行われる予選 8月の本選を勝ち抜いて日本代表を全員この生物部から出すのだ!!

＊高専生（3年生まで）や中学生以下も出場可能

もちろん今年も挑戦しますけど
高2は世界大会ラストチャンスだし
完全制覇なんて…
私 去年は参加してないし…
あまーい！

そんな志の低いゆとりな考えでどうする！
国内は通過点！目標は国際生物学オリンピックの金メダルだ！＊
今この瞬間から俺が毎日特別メニューでビシビシ鍛えてやる覚悟しろ!!
口答えは許さん！
形質発現

＊国際生物学オリンピックの金メダルは出場者の上位10％に授与される

わかりました
じゃあ
退部します
さようなら
ちょ
ちょ
ちょーー
待てよ！
私　生き物を見たり
お世話するのが好きで
部活してただけで
そういうの
ちょっと…
そうよ
毎日強制で
勉強なんて
もう別の部よ
あわわ
わわ
わわわ
青葉楠高校
自慢の飼育室
あとの世話は
よろしく
お願いします
ずーん
飼育日誌
No.63

帰ろう
そんな殺生な
君たち2人とも大きな可能性があるんだ 頼むから一緒にやろう
特訓は週3日…いや2日でいい！
お菓子食いながら気楽にやろな!?
新入部員を置いてって辞めるのか?
入部希望者来てるんですか!?
どこどこ!? 女子? 男子? 両方?
ぶんぶん

よろしくです
菜村《なむら》すず
1年
入部希望なの!? わぁー嬉しい!
きゃー
かわいい!
よろしく! 大歓迎よ
後輩が入ってくるなら…
辞められないわね…
ほっ
まあどっちにしても

生物五輪《オリンピック》の代表枠は4人
3人じゃ完全制覇は無理ですよね
部員少なくていばるなよ
そこへ入部希望の俺さまが来ましたよ
え……？君も入部希望!?
今お菓子食べ放題と聞いて
この菜村も生物五輪に挑戦するそうだ
おー入れ入れ
森野樅男《もりのもみお》
1年
よくわかってない
というわけで生物五輪に向けて頑張るぞ！
おー

プラスワンポイント 0 国際生物学オリンピックへの道

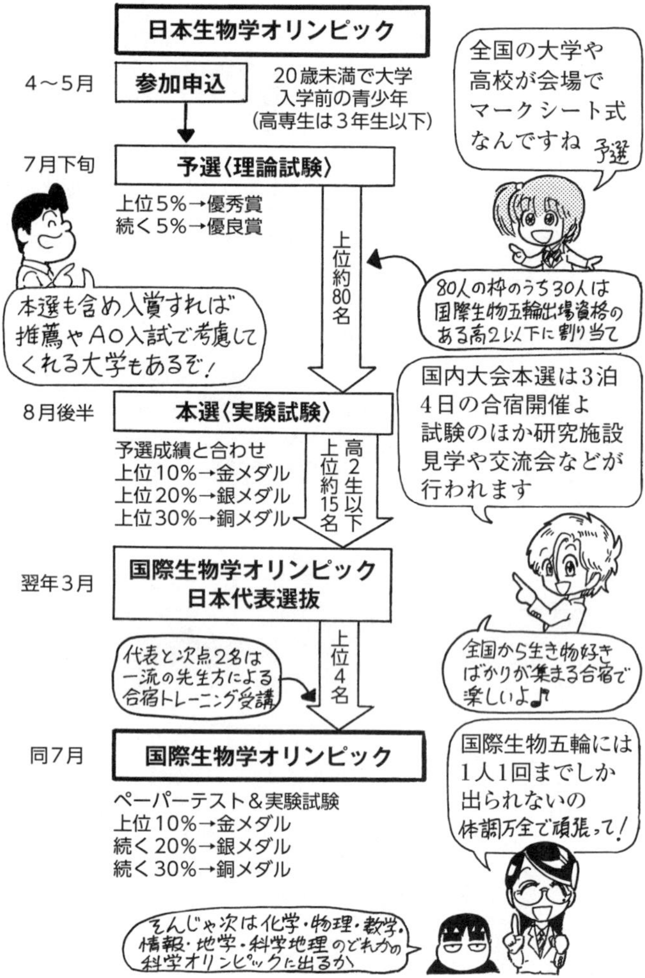
日本生物学オリンピック
4～5月
参加申込
20歳未満で大学入学前の青少年(高専生は3年生以下)
全国の大学や高校が会場でマークシート式なんですね
予選
7月下旬
予選〈理論試験〉
上位5%→優秀賞
続く5%→優良賞
上位約80名
80人の枠のうち30人は国際生物五輪出場資格のある高2以下に割り当て
本選も含め入賞すれば推薦やAO入試で考慮してくれる大学もあるぞ!
国内大会本選は3泊4日の合宿開催よ試験のほか研究施設見学や交流会などが行われます
8月後半
本選〈実験試験〉
予選成績と合わせ
上位10%→金メダル
上位20%→銀メダル
上位30%→銅メダル
高2生以下上位約15名
翌年3月
国際生物学オリンピック日本代表選抜
全国から生き物好きばかりが集まる合宿で楽しいよ♪
代表と次点2名は一流の先生方による合宿トレーニング受講
上位4名
同7月
国際生物学オリンピック
国際生物五輪には1人1回までしか出られないの体調万全で頑張って!
ペーパーテスト＆実験試験
上位10%→金メダル
続く20%→銀メダル
続く30%→銅メダル
そんじゃ次は化学・物理・数学・情報・地学・科学地理のどれかの科学オリンピックに出るか

Lesson1 ▶▶▶ 細胞—核とそのはたらき

それではまず生物を形作る基本である細胞からいってみよう

ヒトをはじめ動植物の体は核をもつ真核細胞でできている
動物細胞
核
細胞膜
細胞質
その大きさは直径10～20μmから長さ1m以上の座骨神経までさまざまで
1μm＝1000分の1mm＝10^{-6}m
ヒトの体を構成する細胞を種類ごとに調べると約37兆個あるという＊

＊2013年にボローニャ大学などの研究チームが身長170cm、体重70kgの30歳の男性のモデルで算出。

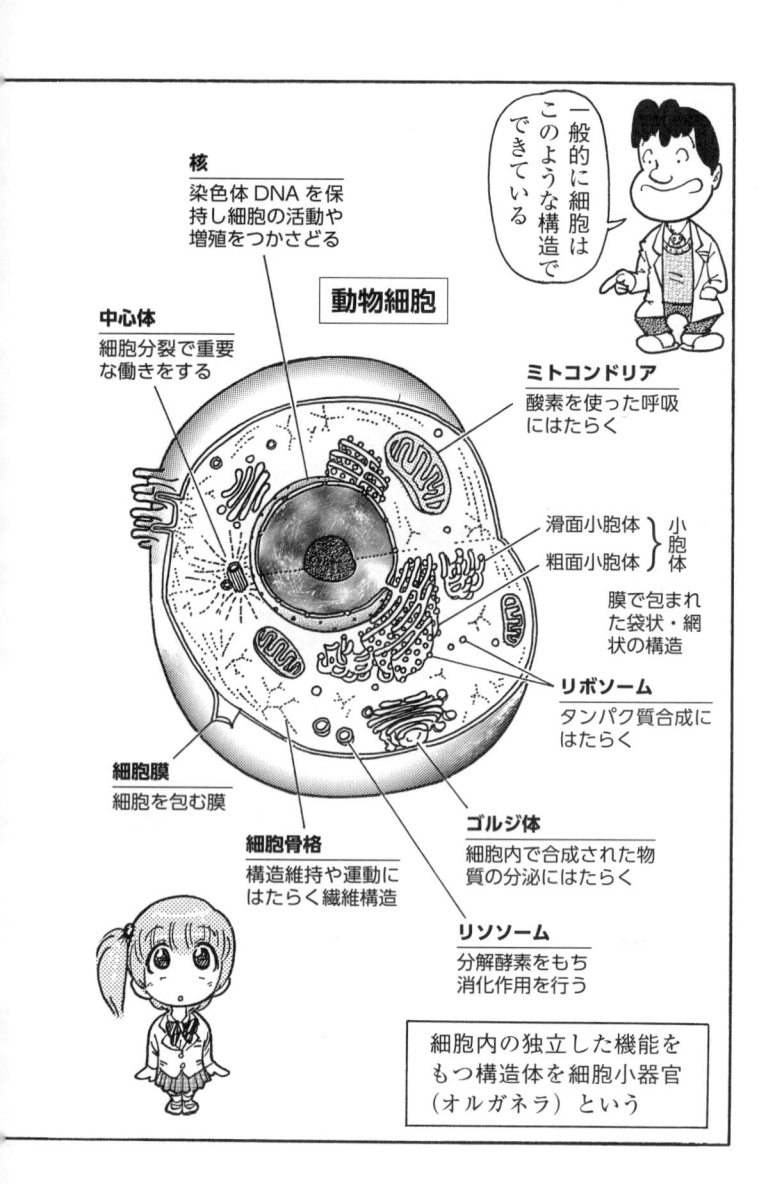

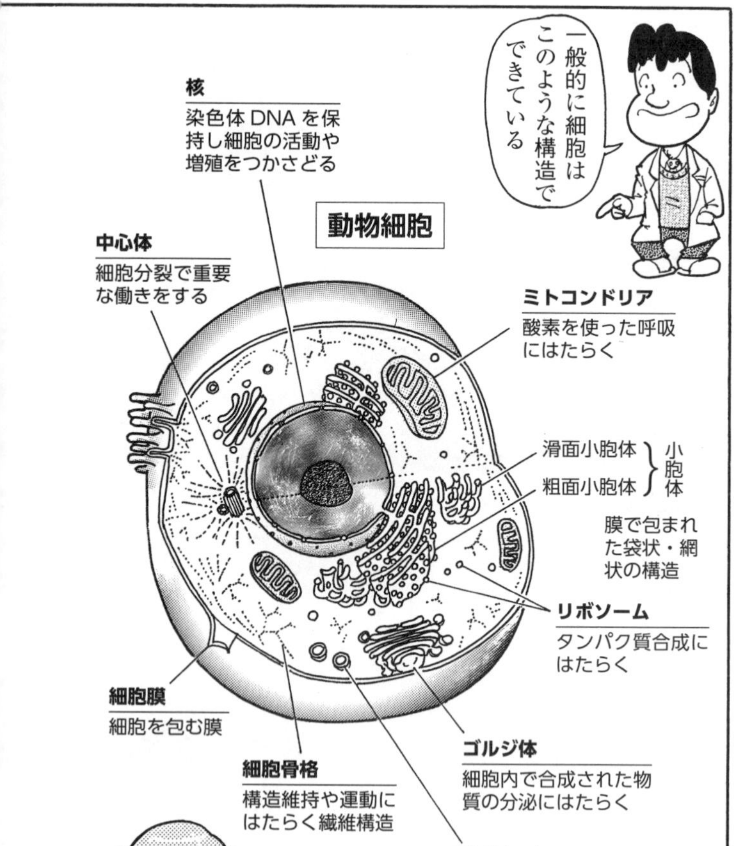
一般的に細胞はこのような構造でできている
動物細胞
核
染色体DNAを保持し細胞の活動や増殖をつかさどる
中心体
細胞分裂で重要な働きをする
ミトコンドリア
酸素を使った呼吸にはたらく
滑面小胞体
粗面小胞体
小胞体
膜で包まれた袋状・網状の構造
リボソーム
タンパク質合成にはたらく
細胞膜
細胞を包む膜
細胞骨格
構造維持や運動にはたらく繊維構造
ゴルジ体
細胞内で合成された物質の分泌にはたらく
リソソーム
分解酵素をもち消化作用を行う
細胞内の独立した機能をもつ構造体を細胞小器官(オルガネラ)という

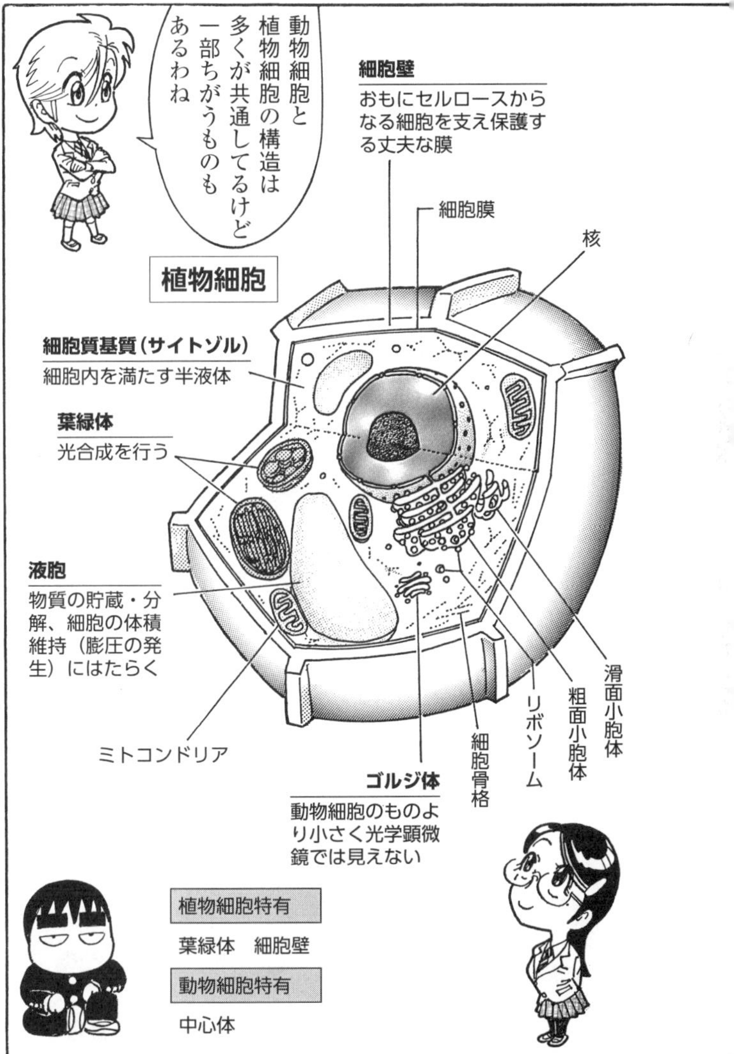
動物細胞と植物細胞の構造は多くが共通してるけど一部ちがうものもあるわね
植物細胞
細胞壁
おもにセルロースからなる細胞を支え保護する丈夫な膜
細胞膜
核
細胞質基質（サイトゾル）
細胞内を満たす半液体
葉緑体
光合成を行う
液胞
物質の貯蔵・分解、細胞の体積維持（膨圧の発生）にはたらく
ミトコンドリア
ゴルジ体
動物細胞のものより小さく光学顕微鏡では見えない
細胞骨格
リボソーム
粗面小胞体
滑面小胞体
植物細胞特有
葉緑体　細胞壁
動物細胞特有
中心体

細胞という構造は17世紀イギリスのフックが顕微鏡でコルクを観察し発見した
フックがcellと命名したこの構造を細胞と訳したのは江戸時代の蘭学者宇田川榕庵《ようあん》
動植物などの多細胞生物の体はさまざまな機能に特化した細胞が組織化した協同体で
真核細胞は内部を生体膜で細かい区画に分け各膜に多くの酵素が組み込まれることでそれぞれの局所的な環境において特異的多様な代謝が促進されることになる細胞の組織化には多様化した種類の膜が基礎となっているが生体膜は基本的にリン脂質二重タンパ
ずいっ
ちょっと
ストーップ！
ガッ
バックド
Dロップ
ドゴォ

な……何をするんだよ
いぢち
1年生に最初から難しい話しないでください！辞めちゃったらどうするんですか
このプリントも！生物オリンピックレベルの本のそのままコピーでしょ
著作権大丈夫ですか…？
だってほら1年に合わせたらお前らが……
つん!!
大丈夫？
じゃ菊樹　お前ならどう教える？
えっ？
はい甘い物
それは……
もっと基本的なとこから……

核さんてなんですか？
かくさん？核酸のこと？
核さんです
細胞に核があること中学で習ったんですけど
核さんは何するものなんですか？
ああ核のことね
そうね核というと…
核
核膜
(分散した)染色体
核膜孔
核小体
何のために核はあるのか
そうだ
核がなくても生きていける細胞だってあるわけだし
赤血球
無核細胞
寿命約120日

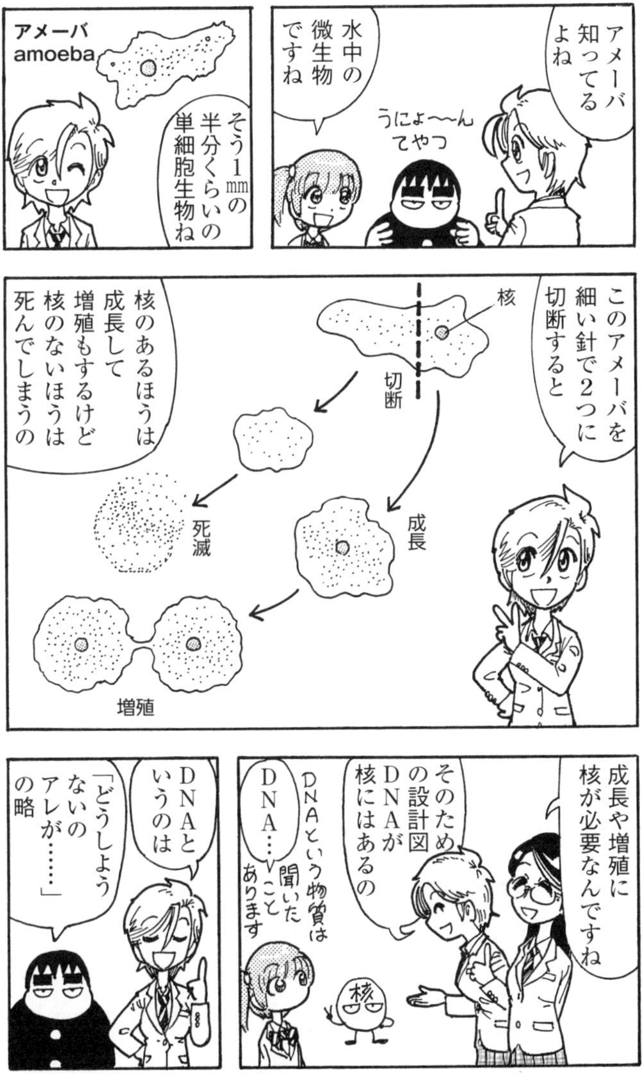
アメーバ知ってるよね
水中の微生物ですね
うにょ〜〜ん てやつ
アメーバ
amoeba
そう1㎜の半分くらいの単細胞生物ね
このアメーバを細い針で2つに切断すると
核
切断
成長
死滅
増殖
核のあるほうは成長して増殖もするけど核のないほうは死んでしまうの
成長や増殖に核が必要なんですね
そのための設計図DNAが核にはあるの
DNAという物質は聞いたことあります
DNA……
核
DNAというのは
「どうしようないのアレが……」の略

メモ DNAという物質名は中学で学習

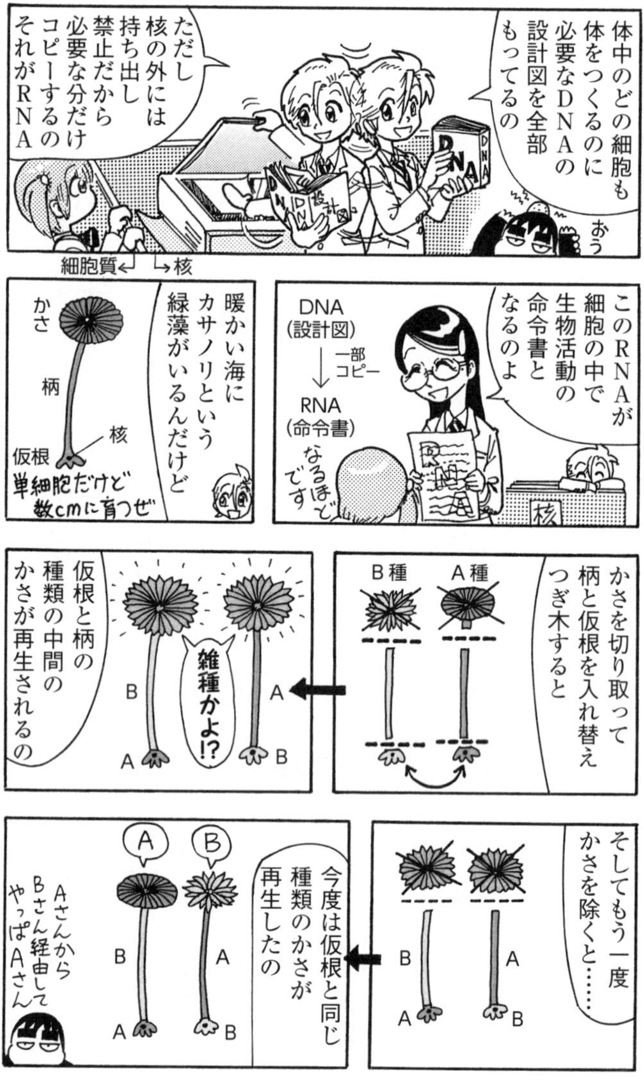

体中のどの細胞も体をつくるのに必要なDNAの設計図を全部もってるの
DNA
設計図
おう
ただし核の外には持ち出し禁止だから必要な分だけコピーするのそれがRNA
細胞質
核
このRNAが細胞の中で生物活動の命令書となるのよ
DNA
(設計図)
一部コピー
RNA
(命令書)
なるほどです
核
暖かい海にカサノリという緑藻がいるんだけど
かさ
柄
核
仮根
単細胞だけど数cmに育つぜ
かさを切り取って柄と仮根を入れ替えつぎ木すると
A種
B種
仮根と柄の種類の中間のかさが再生されるの
雑種かよ!?
そしてもう一度かさを除くと……
今度は仮根と同じ種類のかさが再生したの
Aさんから Bさん経由して やっぱAさん

さてこれはどういうことでしょう
かさの再生を命令するのは核でつくられたRNAなので仮根がA種かB種かでかさの形が決まるですね
何度も切られたカサノリが可哀想
キリ
そう!

そうやってDNA→RNAと伝えられた命令は最後にタンパク質を合成することで成立するわけだ

あの栄養のタンパク質ですか?
だけ?
タンパクでもいいたくましく育ってほしい
タンパク質は何万と種類があって生命活動のほとんどにかかわっているの
●構造をつくるタンパク質
コラーゲン…皮膚、軟骨
チューブリン……微小管
アクチン
ミオシン
}…筋原繊維
クリスタリン…目の水晶体
●酵素として化学反応を促進する
アミラーゼ　ペプシン
カタラーゼ　リパーゼ
●抗体として免疫にはたらく
免疫グロブリン
●ホルモンとして体内環境を調整
インスリン　成長ホルモン
●赤血球に含まれ酸素を運搬
ヘモグロビン

RNAに記された命令に従ってタンパク質を合成するのがリボソームという構造体
アミノ酸を材料にしてつくるのよ
リボソーム ribosome

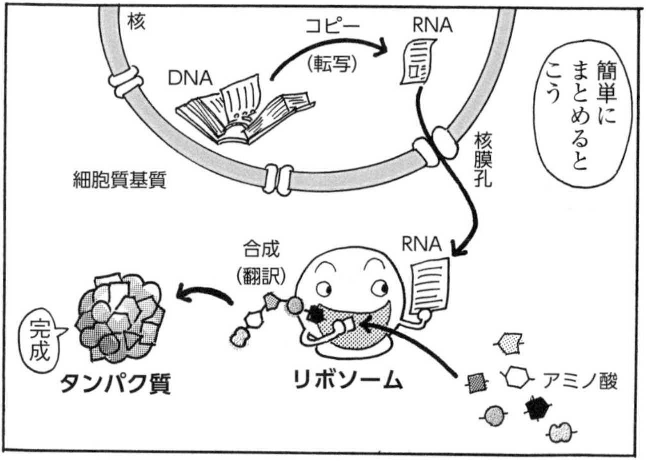
簡単にまとめるとこう
核
コピー
(転写)
RNA
DNA
核膜孔
細胞質基質
合成
(翻訳)
RNA
完成
タンパク質
リボソーム
アミノ酸

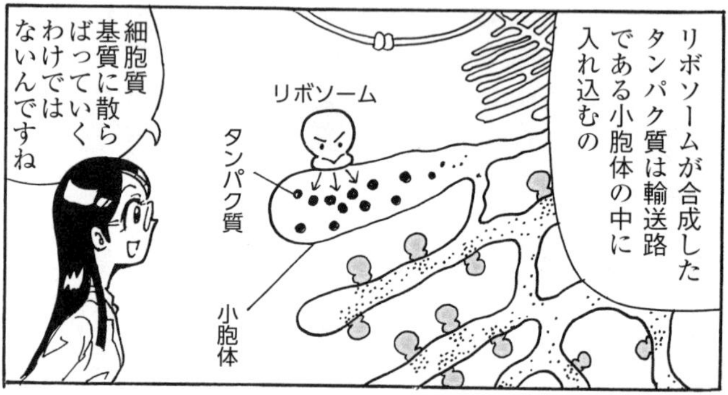
リボソームが合成したタンパク質は輸送路である小胞体の中に入れ込むの
細胞質基質に散らばっていくわけではないんですね
リボソーム
タンパク質
小胞体

そして
ぶち
ぎゅっ
合成した物質を小胞に包むと必要なところに効率よく運べるわけ
小胞をつくるから小胞体というですね
小胞体を離れた多くの小胞はゴルジ体に運ばれるの
ぴとっ
受け取った物質の選別・加工・配送を承ります
ゴルジ体
Golgi body
断る
ゴル辞退
ゴルジ体は扁平な袋が重なってできていて片側で小胞を取り込み反対側から出すの＊
物質を加工します
そしてゴルジ体を離れた小胞は
こっちが受けの面
こっちが攻めの面
てしゃっ

＊ 2013 年ノーベル生理学・医学賞を受賞したロスマンの説だが異説あり

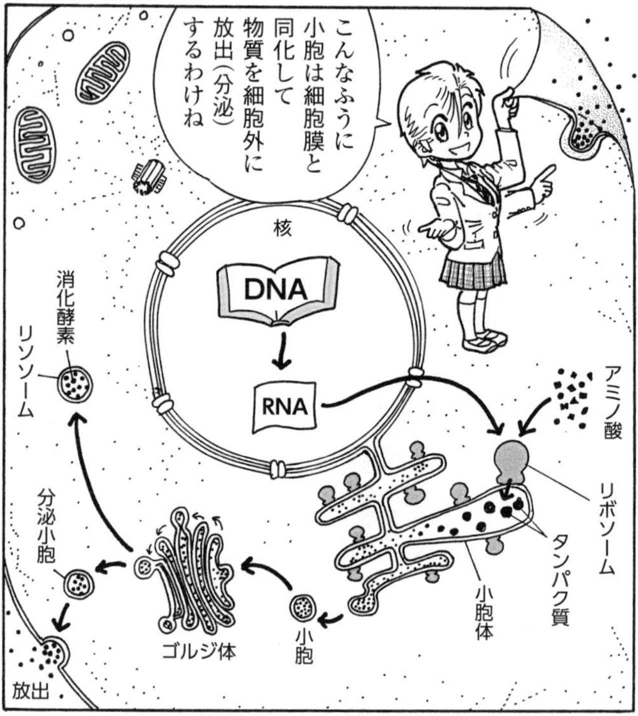
こんなふうに小胞は細胞膜と同化して物質を細胞外に放出(分泌)するわけね
核
DNA
RNA
アミノ酸
リボソーム
タンパク質
小胞体
小胞
ゴルジ体
分泌小胞
消化酵素
リソソーム
放出

ゴルジ体は物質が必要な場所に届くよう小胞に目印をつけるのよ
エヘ
細胞外行き
でも小胞は自分で泳ぐわけじゃないですよねどうやって届くのかしら

それは細胞骨格を伝って
運ばれるんだ
細胞骨格は細胞内に
はりめぐらされた
繊維タンパク質な
動物細胞の中心体は
太い細胞骨格である
微小管の起点と
なっているんだ
ぬっ
その微小管を
レールにして
モータータンパク質
というタンパク質が
細胞内の輸送を
行っているのよ
目印物質（受容体）
小胞
キネシン（モーター
タンパク質の一種）
→中心体
微小管
どもです
よし…

生物の知識はすでに全国レベルの部長に
実力には差のある生物好きの部員たち
文系トップクラス
生物好き新入生有望か
よーわからん
それぞれのレベルに合わせた個別指導が効率的だがそれではモチベーションが上がらない
できる上級生が教える側に回れば下級生も自分も成長できるわけだ
すべて…
計画通り
キリッ
でけー独り言だな

プラスワンポイント 1 酵素とは？

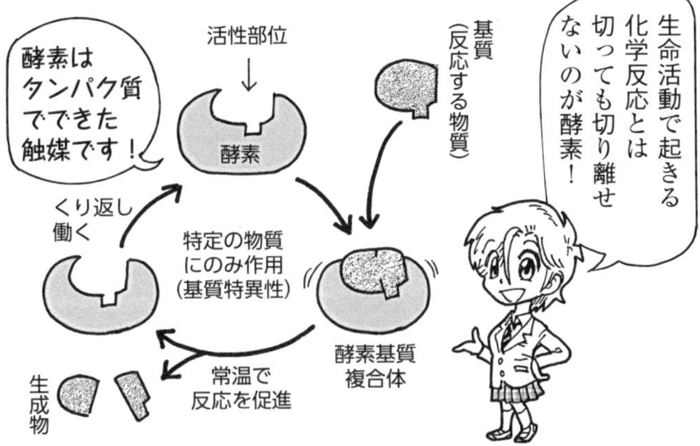
生命活動で起きる化学反応とは切っても切り離せないのが酵素！
酵素はタンパク質でできた触媒です！
活性部位
酵素
基質（反応する物質）
酵素基質複合体
常温で反応を促進
生成物
くり返し働く
特定の物質にのみ作用（基質特異性）

反応速度は温度が高いほど大きくなりますけど高すぎるとタンパク質が壊れて作用しなくなるんですよ（失活）
↑反応速度
最適温度
酵素
無機触媒
0 10 20 30 40 50 60
温度[℃]

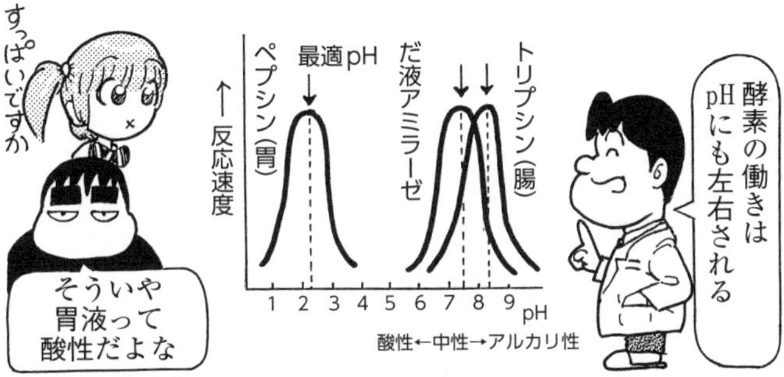
酵素の働きはpHにも左右される
すっぱいですか
そういや胃液って酸性だよな
↑反応速度
ペプシン（胃）
最適pH
だ液アミラーゼ
トリプシン（腸）
1 2 3 4 5 6 7 8 9 pH
酸性←中性→アルカリ性

Lesson2 ▶▶▶ 細胞小器官

わかりました！核さんはリボさんにタンパク質をつくらせ
できたタンパク質はゴルジさんを通して配達され細胞の中や外で働くですね

でもよーなんか変じゃね？
タダで何でも勝手に済んじゃうほど世の中甘くねーだろ

タダ……？エネルギー源のことかしら
タンパク質の材料はアミノ酸だって説明したし
ミトコンドリア
mitochondrion*
ミトコンドリアの出番ですね

*複数形だと mitochondria になる

ミートコーンドリア?
水戸公おんどりゃ?
ミトコンドリア!
ミトコンドリアは細胞呼吸に働く大事な細胞小器官よ
呼吸ですか?
スーハー
糖などの栄養分を分解してエネルギーを取り出すことも呼吸というんですよ
ミトコンドリアは酸素を使ってグルコースを水と二酸化炭素に分解してエネルギーを取り出すの
$C_6H_{12}O_6$ グルコース
細胞質基質
O_2 酸素
ミトコンドリア
エネルギー
CO_2 二酸化炭素
H_2O 水
ものが燃えるときの反応と似てるわね
ということは…

そのとき出た熱で化学反応を進めるですね
ブー
先生！
おっとすまん
やーいまちがえた
呼吸で取り出されたエネルギーはATPという物質にいったん貯められるの
糖
タンパク質
脂肪
呼吸
(分解)
エネルギー
ATP
筋収縮
発熱
発光
物質合成
物質輸送
ATPはあらゆる生命活動に使える「エネルギーの通貨」と呼ばれているのよ
いいかげんにしろ
へーイ
へーイ
おこられた
APT《アンポンタン》？
ATP！

ATPは「アデノシン三リン酸」の略
ATP
Adenosine Triphosphate
アデニン
糖
P
P
P
アデノシン
リン酸
T(tri-)はトリプルのTですね
リン酸が2つだけの状態(ADP)に3つ目が結合するとエネルギーが蓄えられ外れるときは放出されるの
ADP
P
ミトコンドリアはATP合成酵素がうめこまれた内膜を外膜のケースに詰め込んだものとも言えるわね
ADP + P
エネルギー
酵素
ATP
じゃあね呼吸とは逆に二酸化炭素(と水)からデンプンと酸素を作る反応って何があるかな?
光合成です!
葉緑体
光合成が起こる葉緑体も中に膜構造をもっているわね
チラコイド(袋状の膜構造)

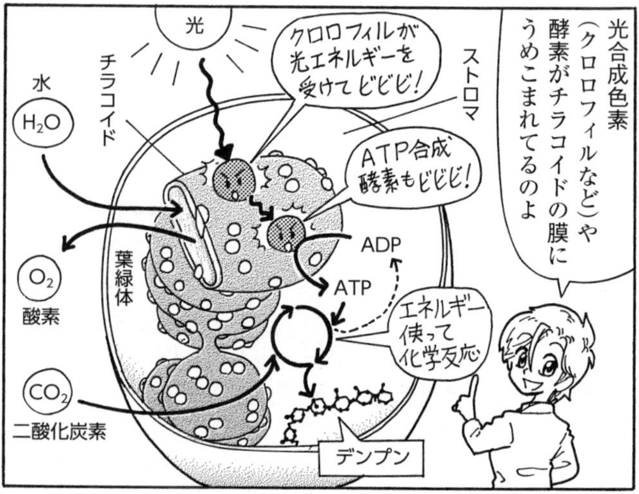

光合成色素（クロロフィルなど）や酵素がチラコイドの膜にうめこまれてるのよ
ストロマ
クロロフィルが光エネルギーを受けてビビビ！
光
チラコイド
水
H_2O
ATP合成酵素もビビビ！
ADP
葉緑体
ATP
O_2
酸素
エネルギー使って化学反応
CO_2
二酸化炭素
デンプン

植物細胞といえば液胞も膜で包まれた構造ですよね
「泡」じゃなくて液「胞」ですものね
けっこう大事な役割をもっているのよ
水を貯めこんで膨張し細胞の形を維持
細胞内消化
花や葉の紫色を生むアントシアンは液胞に含まれる
有害な物質を貯蔵し動物に食べられにくくする
まじぃ

細胞が生きていくのに膜って大事なんですね
その通り！

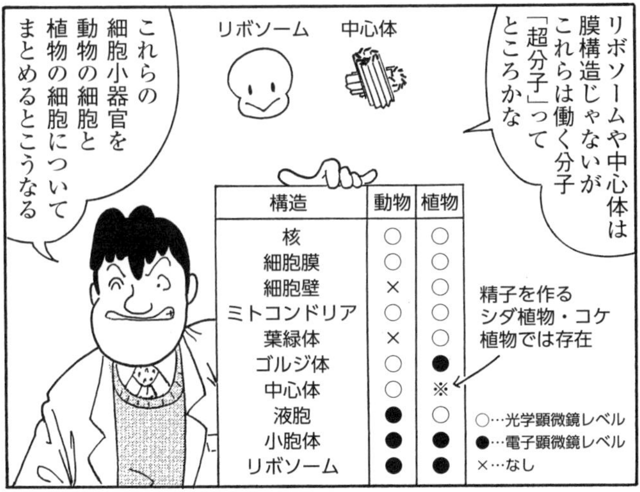
リボソームや中心体は膜構造じゃないがこれらは働く分子「超分子」ってところかな
リボソーム
中心体
これらの細胞小器官を動物の細胞と植物の細胞についてまとめるとこうなる
精子を作るシダ植物・コケ植物では存在
○…光学顕微鏡レベル
●…電子顕微鏡レベル
×…なし

構造	動物	植物
核	○	○
細胞膜	○	○
細胞壁	×	○
ミトコンドリア	○	○
葉緑体	×	○
ゴルジ体	○	●
中心体	○	※
液胞	●	○
小胞体	●	●
リボソーム	●	●

あとキノコやカビの仲間を菌類というけど動物とも植物とも違う細胞のつくりをしているわね
葉緑体なし
細胞壁の成分が植物細胞と違う
菌類って…

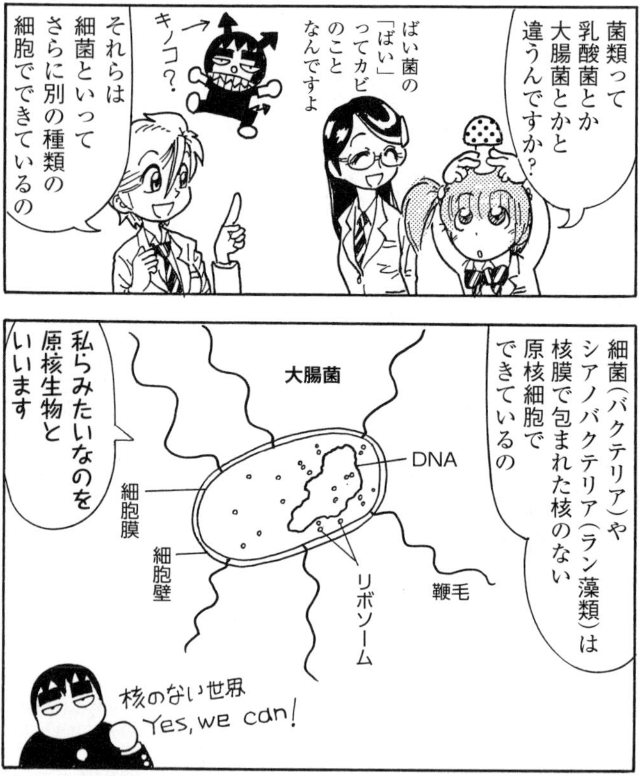

菌類って乳酸菌とか大腸菌とかと違うんですか？
ばい菌の「ばい」ってカビのことなんですよ
キノコ？
それらは細菌といってさらに別の種類の細胞でできているの
細菌（バクテリア）やシアノバクテリア（ラン藻類）は核膜で包まれた核のない原核細胞でできているの
大腸菌
DNA
細胞膜
細胞壁
リボソーム
鞭毛
私らみたいなのを原核生物といいます
核のない世界
Yes, we can!
核をもつ細胞は真核細胞というの
だから私たちは真核生物
細菌さんは核もないミトコンドリアもない……

ということは呼吸できないってことですか!?
いやそうじゃなくて
酸素を使わない異化（発酵）なら細胞質基質でできるのよ
むしろ酸素は毒だったりする
酸素を使う呼吸ができる好気性細菌も多いけどね
この好気性細菌が昔真核細胞の先祖に取り込まれてミトコンドリアになったと考えられてるのよ
好気性細菌です
ミトコンドリアになる
シアノバクテリアだよ
葉緑体になる
細胞内共生（共生説）
核は細胞膜が陥入してDNAを包んでできたと考えられている（膜進化説）
シーちゃん改めヨーコです
別の生物だった証拠にミトコンドリアも葉緑体も核とは別のＤＮＡをもってるのよ
DNA
酵素
外膜の成分や性質は細胞膜や核膜などと同じ
呼吸を行う内膜の面積を広くしよう

またDNA…
ぶちょー DNAが気になります
どんな物質なんですか？
DNA
じゃあ次はDNAのことやろうか
よーし
難しいぞ
ちゃんとやれるか菊樹
やれますよ ちゃんと勉強してますから
カチーン
生物五輪挑戦するんでしょ
相手は1年になったばかりの新入部員だぞ
菊樹は挑発されるとやる気を出すタイプみたいだからな……
1年だろうが赤ちゃんだろうがしっかり教えてみせますよ！
よっしゃ こんども狙い通り
でーもー
難しいっておっしゃいましたよね？
そんな大変なことやるのにお菓子がポテチだけってさびしいねー
女の子としては白山亭のミルクレープとかシャトーBのモンブランとか……
ポテト
い!?

メモ 毒ヘビの飼育には知事の許可が必要

Lesson3 ▸▸▸ 遺伝子の本体DNA

木原先生がケーキ買ってくれましたー
やったー♪
先生ありがとうございまーす♪
さあじゃんけんじゃんけん
おう
5種類ありますね
余った1個どうする?
俺のだ俺の!
冗談ですよー
とるなよ!
絶対とるなよ!!

マイ紅茶入れてきた
俺のどれだー？
ないでーす
なんでやねん!!
誰じゃ俺のケーキ取ったのは!?
あ…
英語の菱岡先生
なんで？
まさか俺に気が？
前からよく生物部に遊びに来られてるんですよ
ないない
木原先生声に出てる

あ 木原先生 すみません 挨拶もなしに
ときどきおじゃまさせてもらってよろしいですか？
だ 大歓迎ですよ
じゃ
あれ
え…？
菱岡先生は飼育室の魚や動物たちを見に来られるんです
爬虫《はちゅう》類とかけっこう好きなんだよねー
はい木原センセ 5つのケーキから 1/5ずつ どーぞ
よかったな 一番取り分多いぞ
ほら先生 早く始めますよ！

それじゃ今日は「DNAとは何か」についてやるわね
はーい
細胞の核に含まれるDNAが設計図となっていろいろな生命活動をすることは覚えているわね
必要なところをRNAにコピーしてタンパク質を作るですね
これを図にするとこうなります
複製
DNA
転写
RNA
翻訳
タンパク質
この流れをセントラルドグマともいいます
そして細胞が増殖するときには
細胞分裂の前にDNA全体をコピーして核を2つにしないといけないよね
DNA
細胞
核
DNA複製
分裂

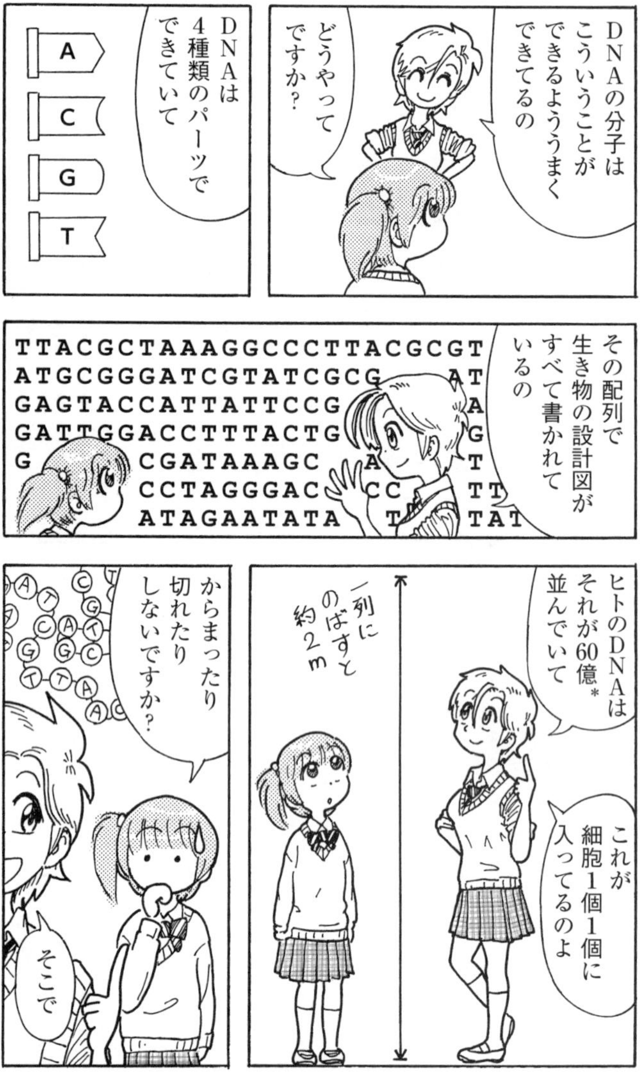

＊生体を維持するために必要な遺伝子情報の1セット(ゲノム)は30億で、1つの細胞には2ゲノム分のDNAが含まれる。

二重らせん構造を
とるわけ
二重らせんって
わかる？
髪を
三つ編みにして
まとめるみたい
ですね
そう！じつは
DNA分子は
三つ編み構造と
いう説もあって
論争になってた
のだ
二重らせんで
世界が納得
するまで
いやー
大変だった
お前が
解明したんじゃ
ねーだろ
でもなんで
三重じゃなく
二重とわかっ
たです？
ひとつは
シャルガフの
規則ね
E. Chargaff

それはなにか？廊下を走っちゃいけない授業中早弁しちゃいけないいっつーたぐいのあれか？
俺より先に寝てはいけない
しゃる…ガフ?!
規則は法則と同じような意味ね「法則」や「研究」と書いてある教科書もあるわね

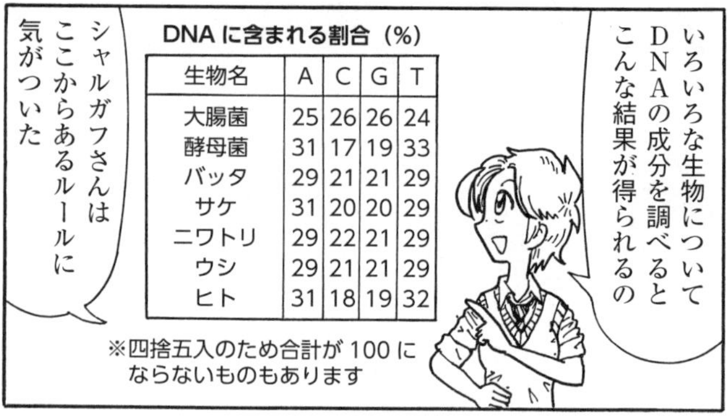
いろいろな生物についてDNAの成分を調べるとこんな結果が得られるの
シャルガフさんはここからあるルールに気がついた

DNA に含まれる割合（%）

生物名	A	C	G	T
大腸菌	25	26	26	24
酵母菌	31	17	19	33
バッタ	29	21	21	29
サケ	31	20	20	29
ニワトリ	29	22	21	29
ウシ	29	21	21	29
ヒト	31	18	19	32

※四捨五入のため合計が 100 にならないものもあります

順番を少し入れ替えると……
何でしょう???
?

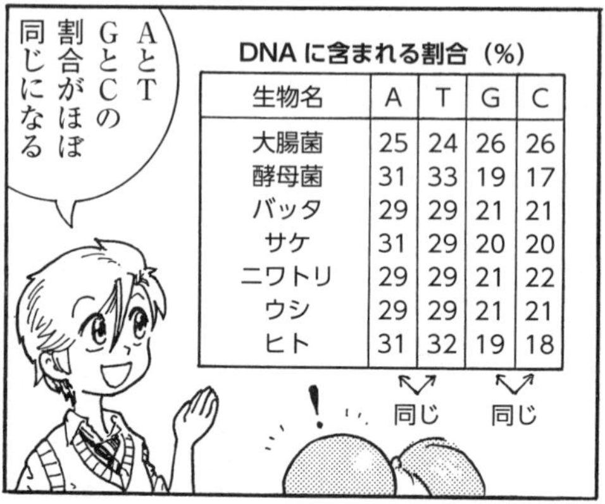
AとTGとCの割合がほぼ同じになる
!

DNA に含まれる割合（%）

生物名	A	T	G	C
大腸菌	25	24	26	26
酵母菌	31	33	19	17
バッタ	29	29	21	21
サケ	31	29	20	20
ニワトリ	29	29	21	22
ウシ	29	29	21	21
ヒト	31	32	19	18

同じ　同じ

それはつまり……
AとT GとCがいっしょになってる…
そこで二本鎖構造を考えると理屈に合うわけね
T
A T
C G

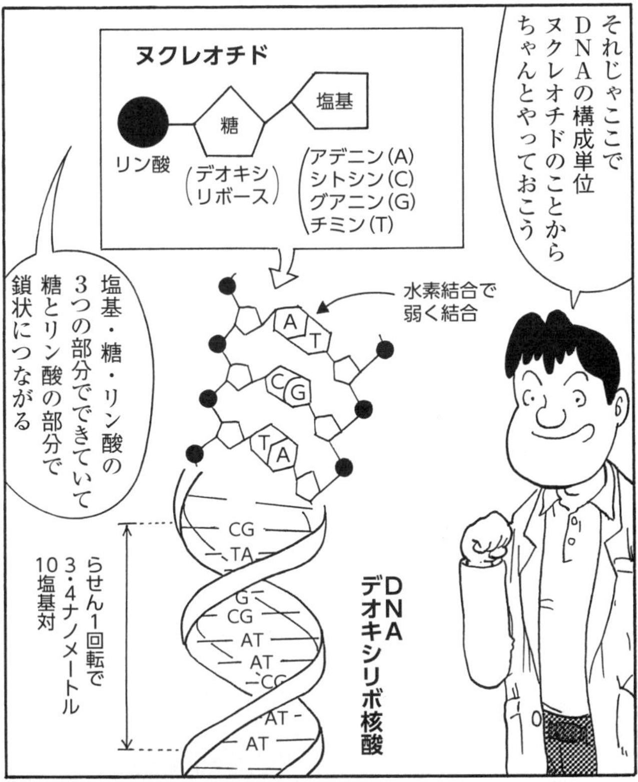
それじゃここでDNAの構成単位ヌクレオチドのことからちゃんとやっておこう
ヌクレオチド
リン酸
糖
(デオキシリボース)
塩基
アデニン(A)
シトシン(C)
グアニン(G)
チミン(T)
水素結合で弱く結合
A T
C G
T A
塩基・糖・リン酸の3つの部分でできていて糖とリン酸の部分で鎖状につながる
CG
TA
G
CG
AT
AT
CG
AT
AT
らせん1回転で3・4ナノメートル 10塩基対
DNA
デオキシリボ核酸

1ナノメートル(nm) = 10^{-9}m

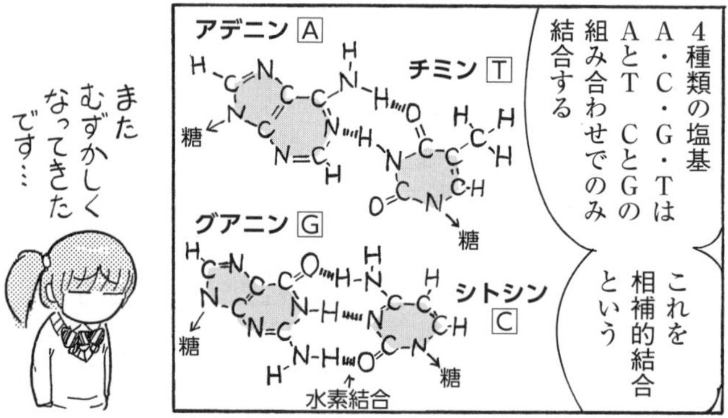
4種類の塩基
A・C・G・Tは
AとT CとGの
組み合わせでのみ
結合する
これを
相補的結合
という
アデニン A
チミン T
グアニン G
シトシン C
糖
水素結合
また
むずかしく
なってきた
です…

あれ? DNAが
らせん状ということ
なんでわかってた
ですか?
そうね ワトソンと
クリックが
二重らせん構造を
思いつくには他にも
ヒントがあったのよ

綿さん
と……
栗ック?
いやいや
いやいや
Wクリック
J.Watson
F. Crick
重要な人名だから
覚えてね

プラスワンポイント 2 核酸とうまみ成分

アデニンとグアニンは
プリン塩基
チミンとシトシンは
ピリミジン塩基という
分子の形で
分類した名前だから
食べ物のプリンとは
関係ないわよ
プリン
よく食生活で
摂りすぎたら
よくないといわれる
プリン体ですか？
俺には
中学から
おなじみの
言葉だ
プリン体はうまみ成分に
含まれることが多くて
体内で痛風の原因となる
尿酸を生じるからな
ヌクレオチド
イノシン酸
かつおぶしの
うまみ成分
グアニル酸
シイタケの
うまみ成分
うまみ成分って
アミノ酸だと
思ってたわ
コンブの
うまみ成分
グルタミン酸
なんかは
アミノ酸ね
COOH
CH_2
CH_2
NH_2−CH−COOH

DNAのらせん構造はX線回折といって物質にX線を当てて撮った写真からわかってきたの
なんですかこれは…
???
X線を物質に当てて散乱したX線がフィルムを感光させた像を分析するの
フィルム
X線
物質が規則正しく並んだ結晶
部長や副部長はこれを見てらせんだってわかるですか？
それを読むには物理の知識がいるな
先生は読めるですか？
読めん！

そもそもワトソンは自分でX線回折実験したわけでもそのデータを読めたわけでもない
え？
このX線回折像は当時世界のトップを走っていたロザリンド・フランクリンが撮影・分析していたものだったのだが……
R. E. Franklin
女の人…
1962年、DNAの構造解明でノーベル賞をワトソンとクリックそしてフランクリンの同僚だったウィルキンスが受賞した
ワトソン
クリック
ウィルキンス
M.H.F. Wilkins
!
どうしてフランクリンさんもらえなかったですか
賞の対象になったとき彼女はもう亡くなってたの
受賞資格は存命の3人まででしたっけ
ウィルキンスがワトクリの2人にX線回折像を見せたおかげの発見ってわけだ

ウィルキンスは不仲だったフランクリンの分析資料を勝手にワトソンに渡したという
くどくど
後年ワトソンはそれを暴露しウィルキンスの評判はガタ落ちフランクリンのことも「頑固で陰気なヒステリー女」と著書でボロカスに
くどくど
きりがないからDNAの話にもどろう
人の悪口になると止まらないですね…

DNAの二重らせん構造を発見したワトソンとクリックはこの構造が情報を複製するのに都合よくできていることにも気づいたの
どういうことかわかる?

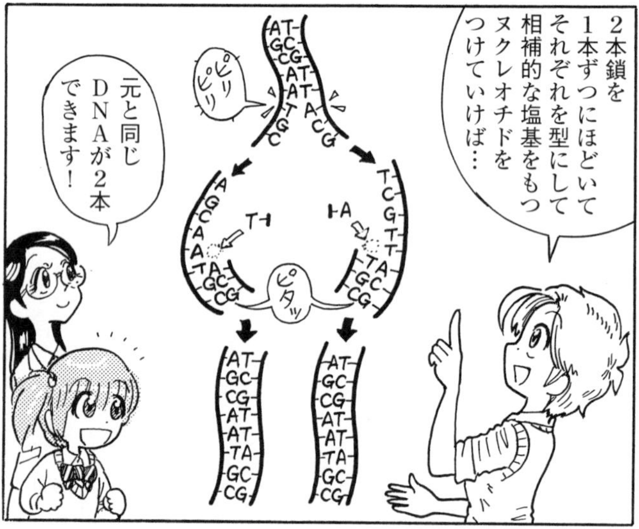
2本鎖を1本ずつにほどいてそれぞれを型にして相補的な塩基をもつヌクレオチドをつけていけば…
ピリピリ
ピタッ
AT GC CG AT AT TA GC CG
AT GC CG AT AT TA GC CG
元と同じDNAが2本できます!

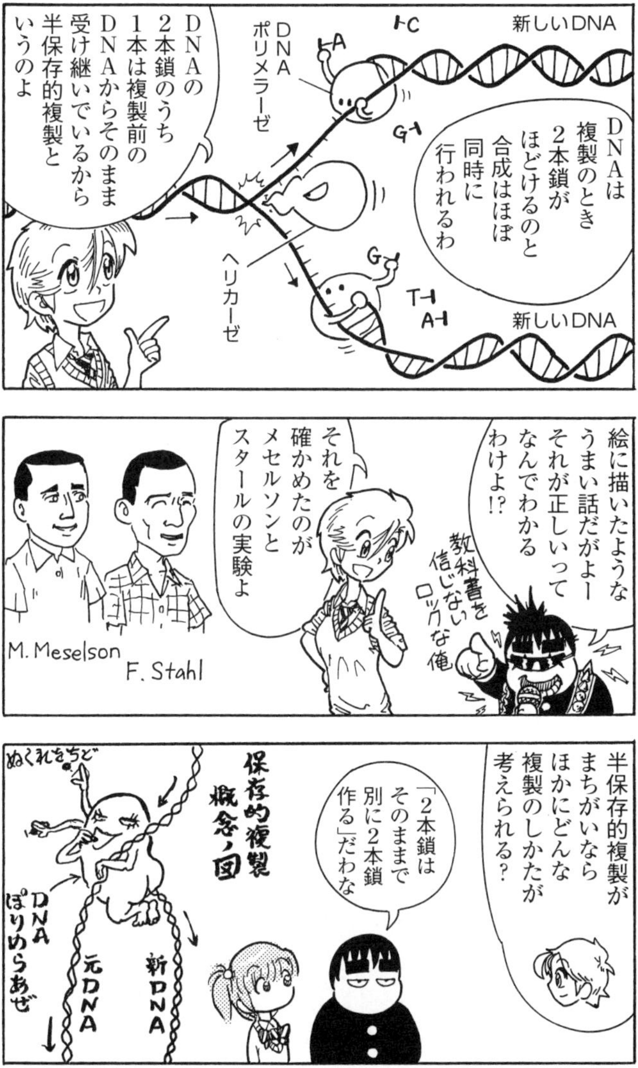
DNAは複製のとき2本鎖がほどけるのと合成はほぼ同時に行われるわ
新しいDNA
C
A
DNAポリメラーゼ
G
G
T
A
ヘリカーゼ
新しいDNA
DNAの2本鎖のうち1本は複製前のDNAからそのまま受け継いでいるから半保存的複製というのよ
絵に描いたようなうまい話だがよーそれが正しいってなんでわかるわけよ!?
教科書を信じないロックな俺
それを確かめたのがメセルソンとスタールの実験よ
M. Meselson
F. Stahl
半保存的複製がまちがいならほかにどんな複製のしかたが考えられる？
「2本鎖はそのままで別に2本鎖作る」だわな
保存的複製概念ノ図
ぬくれおちど
DNAぽりめらあぜ
元DNA
新DNA

メモ DNAポリメラーゼはヌクレオチド鎖の3′末端（75ページ）にしかヌクレオチドを結合できないので、2本の鎖のうち1本は不連続に合成される短い断片（岡崎フラグメント）をつないで作られる（ラギング鎖）

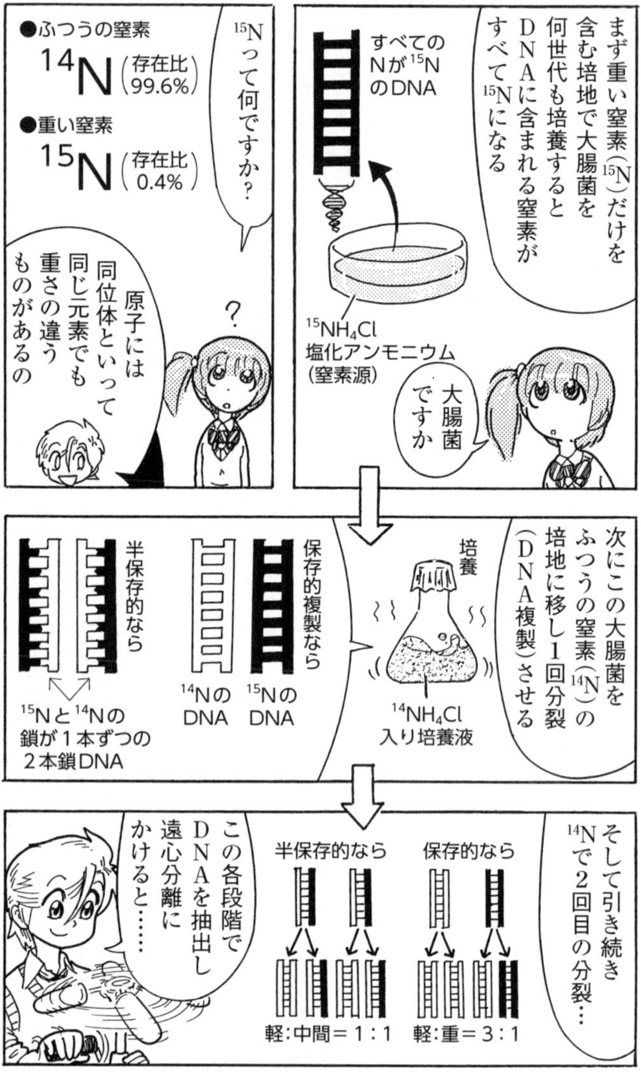
まず重い窒素(^{15}N)だけを含む培地で大腸菌を何世代も培養するとDNAに含まれる窒素がすべて^{15}Nになる
すべてのNが^{15}NのDNA
$^{15}NH_4Cl$ 塩化アンモニウム (窒素源)
大腸菌ですか
^{15}Nって何ですか？
●ふつうの窒素
^{14}N (存在比 99.6%)
●重い窒素
^{15}N (存在比 0.4%)
?
原子には同位体といって同じ元素でも重さの違うものがあるの
次にこの大腸菌をふつうの窒素(^{14}N)の培地に移し1回分裂(DNA複製)させる
培養
$^{14}NH_4Cl$入り培養液
保存的複製なら
^{15}NのDNA
^{14}NのDNA
半保存的なら
^{15}Nと^{14}Nの鎖が1本ずつの2本鎖DNA
そして引き続き^{14}Nで2回目の分裂…
保存的なら
軽：重＝3：1
半保存的なら
軽：中間＝1：1
この各段階でDNAを抽出し遠心分離にかけると……

つまり実験の結果は
もういいわかった
だめでしょちゃんと聞かなきゃ
密度勾配遠心法
軽い
両方 ^{14}N
^{14}N ^{15}N
両方 ^{15}N
重い
遠心力
分裂前
0：0：1
1回分裂
0：1：0
2回分裂
1：1：0
遠心分離にかけると重いものほど底に軽いものほど液面近くへと分かれる
結果は半保存的複製にあてはまるものだったわけ
この後もう1回分裂したらDNAの重さはどんな比率になるかしら
+ ×8
?
軽：中間：重
=3：1：0
です！
正解！
!
??

DNAについては
ざっとこんなところね
はいっ
いいんじゃ
ないか
どこ行ってた
オッサン
トイレか
トイレ
ずっと
おったわい!
それは失敬まさか
このアゴを
見失うとは
るさいわ
この
ヘチャムクレ
今日も
生き物
たんのう
した〜
生物部もう
終わり?
ダッ
あ!
菱岡先生〜
顧問が僕のことを
ブサイクって
ののしるんです
がばっ

そんなことないわよ かわいいじゃない
い!?
そそそいつが かわいい …ですか?
正気すか?!
そうね カガちゃんの 次くらいかな
そんな呼び名の 有名人 いたっけか?
ポン ポン
菱岡先生が「カガちゃん」て 呼んでるの…
飼育室で 飼っている **カ**ミツキ**ガ**メ ですよね
私にも 菱岡先生 かわいいって
え～
ぐぞ～

プラス ワンポイント 3 遺伝子の本体

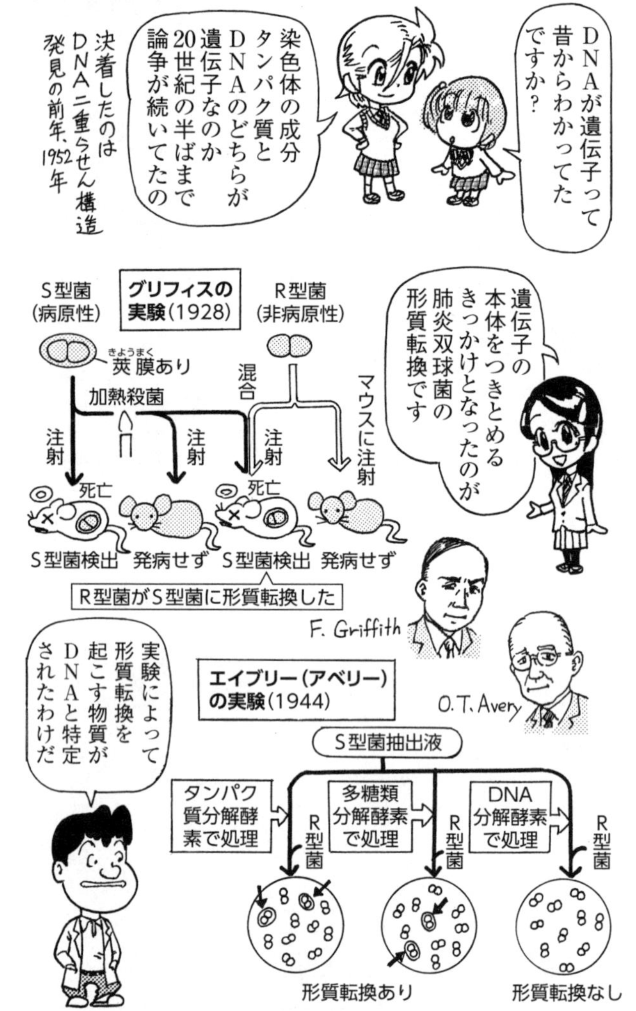

DNAが遺伝子って昔からわかってたですか？
染色体の成分タンパク質とDNAのどちらが遺伝子なのか20世紀の半ばまで論争が続いてたの
決着したのはDNA二重らせん構造発見の前年、1952年
遺伝子の本体をつきとめるきっかけとなったのが肺炎双球菌の形質転換です
グリフィスの実験(1928)
S型菌(病原性)
R型菌(非病原性)
莢膜《きょうまく》あり
加熱殺菌
混合
注射
注射
注射
マウスに注射
死亡
死亡
S型菌検出
発病せず
S型菌検出
発病せず
R型菌がS型菌に形質転換した
F. Griffith
O.T. Avery
エイブリー(アベリー)の実験(1944)
S型菌抽出液
タンパク質分解酵素で処理
多糖類分解酵素で処理
DNA分解酵素で処理
R型菌
R型菌
R型菌
形質転換あり
形質転換なし
実験によって形質転換を起こす物質がDNAと特定されたわけだ

これで一件落着というわけか
チャンチャン
ところがタンパク質派は「S型菌のDNAはR型菌の遺伝子を変化させる作用があるだけだ」と主張するんだ

A. Hershey
M. Chase
DNAが遺伝子であると決定づけたのがバクテリオファージを使ったハーシーさんとチェイスさんの実験ですね
バクテリオファージ（ファージ）とは細菌に感染して増殖するウイルスのこと
タンパク質の殻にDNAが入っている

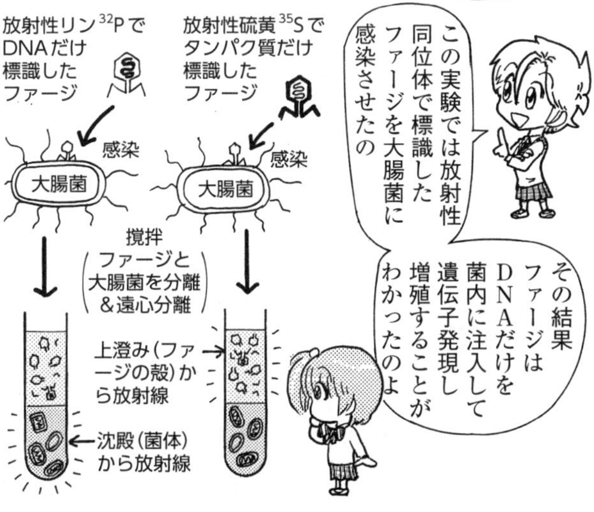
この実験では放射性同位体で標識したファージを大腸菌に感染させたの
その結果ファージはDNAだけを菌内に注入して遺伝子発現し増殖することがわかったのよ
放射性リン^{32}PでDNAだけ標識したファージ
放射性硫黄^{35}Sでタンパク質だけ標識したファージ
感染
大腸菌
感染
大腸菌
撹拌
ファージと大腸菌を分離＆遠心分離
上澄み（ファージの殻）から放射線
沈殿（菌体）から放射線

Lesson4 ⋙遺伝子DNAの発現

今回は遺伝子DNAの発現についてやるわね！
発言！
発現は遺伝情報が形質に変換されることよ
DNAが働くだいたいの流れ覚えてる？
レッスン1ね
DNA→RNA
えとですね核の中のDNAのうち必要な部分がRNAにコピーされます
そしてRNA（の情報）を読んで、リボソームがタンパク質を作りそれがいろいろ働くですね
そう！
ではそのしくみについて詳しくやっていくね

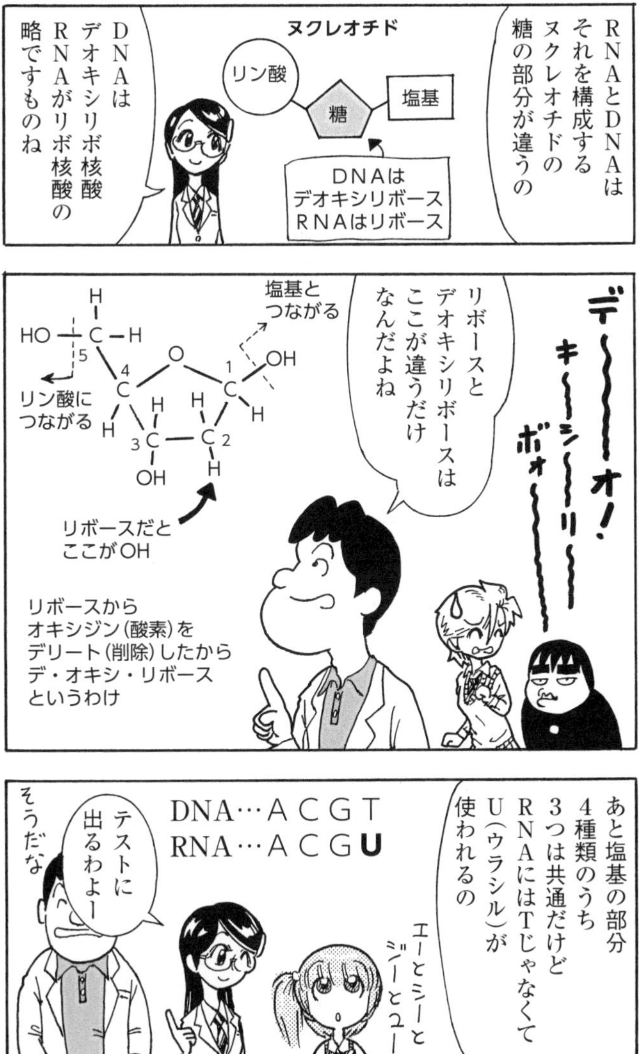
RNAとDNAは
それを構成する
ヌクレオチドの
糖の部分が違うの
ヌクレオチド
リン酸
糖
塩基
DNAは
デオキシリボース
RNAはリボース
DNAは
デオキシリボ核酸
RNAがリボ核酸の
略ですものね
デ〜〜〜オ!
キ〜〜シ〜〜リ〜〜
ボォ〜〜〜〜
リボースと
デオキシリボースは
ここが違うだけ
なんだよね
塩基と
つながる
HO
H
C
H
5
O
4
1
OH
C
C
H
H
H
H
H
3
C
C
2
OH
H
リン酸に
つながる
リボースだと
ここがOH
リボースから
オキシジン(酸素)を
デリート(削除)したから
デ・オキシ・リボース
というわけ
あと塩基の部分
4種類のうち
3つは共通だけど
RNAにはTじゃなくて
U(ウラシル)が
使われるの
DNA…A C G T
RNA…A C G U
エーとシーと
ジーとユー
テストに
出るわよー
そうだな

RNAはDNAの塩基配列を転写して作られる
DNA
←転写
RNA
DNAの複製のときと同じように二重らせんをほどいて……
プチ
プチッ

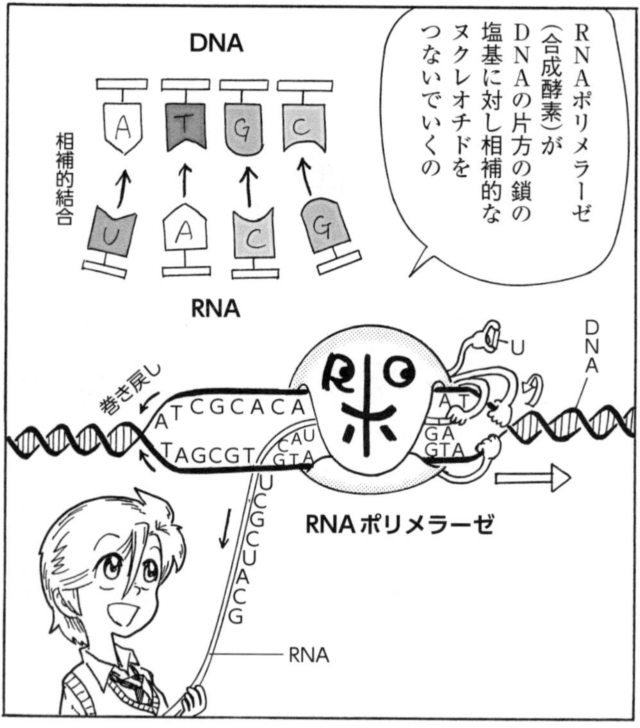
RNAポリメラーゼ（合成酵素）がDNAの片方の鎖の塩基に対し相補的なヌクレオチドをつないでいくの
DNA
A T G C
相補的結合
U A C G
RNA
巻き戻し
ATCGCACA
TAGCGT
CAU
GTA
AT
GA
GTA
U
DNA
UCGCUACG
RNAポリメラーゼ
RNA

DNAは二重らせんだけどRNAは1本鎖なんですね
DNA
RNA
がっちり
使いすて
二重らせんは使わないときの保存用の形といえるわね
だけど……
こんなRNAもあるのよ
!
なんですかこれは??
RNAはm・t・rの3種類あってそれはtRNA
くわしくは後でね
SとMでR指定?
mとtとrよ
DNA
転写
mRNA
翻訳
タンパク質
DNAの遺伝情報を核の外に持ち出すのはmRNA*(伝令RNA)よ

* mRNA = messenger RNA

そしてタンパク質を合成する材料がアミノ酸
食べ物のタンパク質が消化されるとアミノ酸になるって習いました
その逆ですね
どんな物質かな？
んー
こんな物質よ
アミノ酸
側鎖
C：炭素
H：水素
O：酸素
N：窒素
アミノ基
カルボキシ基
カルボキシ基は酢酸CH_3COOHの-COOHと同じですね
タンパク質を作るアミノ酸は側鎖の違いで約20種類あるのよ
グリシン
$H_2N-C-COOH$
コラーゲンの主成分の1つ
グルタミン酸
CH_2-CH_2-COOH
$H_2N-C-COOH$
コンブなどに多く含まれる
プロリンは正確にはアミノ酸じゃない(イミノ酸)けどな
セリン
アラニン

このほか キリン マリリン ホンミリンとかな
そんな アミノ酸 ないわよ
これらのアミノ酸は ペプチド結合で 連結されるの
R_1, R_2：側鎖
H_2O
ペプチド結合
これが何十個 何百個と つながって タンパク質が できるですね
アミノ酸の数
インスリン………51
ヘモグロビン……574
免疫グロブリン…約1300
ミオシン…………約4000
20種類ある アミノ酸の 組み合わせや 配列を決めるのが DNAなんですね
ではDNAの塩基を 文字と考えて 何文字あれば アミノ酸を 表せるかしら
グリシンなら 4文字 セリンなら 3文字だろ
バカに するな
カタカナ じゃ ないわよ

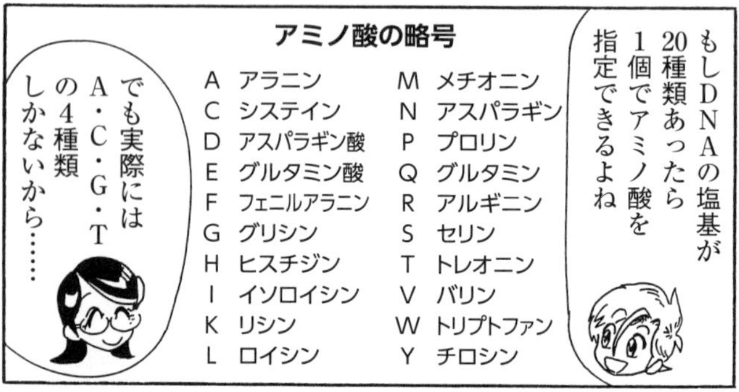
もしDNAの塩基が20種類あったら1個でアミノ酸を指定できるよね
アミノ酸の略号
A アラニン
C システイン
D アスパラギン酸
E グルタミン酸
F フェニルアラニン
G グリシン
H ヒスチジン
I イソロイシン
K リシン
L ロイシン
M メチオニン
N アスパラギン
P プロリン
Q グルタミン
R アルギニン
S セリン
T トレオニン
V バリン
W トリプトファン
Y チロシン
でも実際にはA・C・G・Tの4種類しかないから……

3つです!
ビシッ
おどうして?
てきとうです…

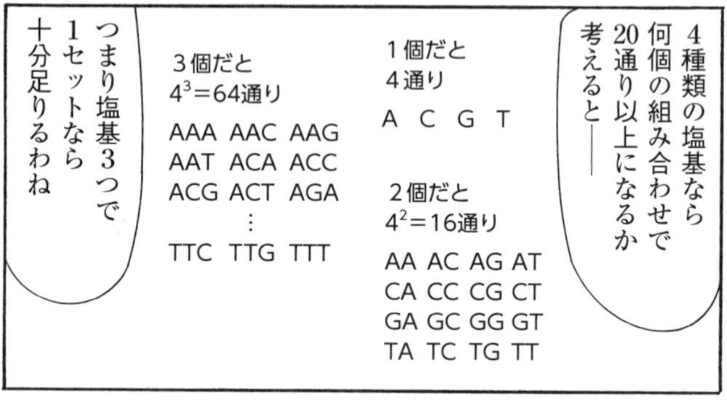
4種類の塩基なら何個の組み合わせで20通り以上になるか考えると——
1個だと
4通り
A C G T
2個だと
4^2=16通り
AA AC AG AT
CA CC CG CT
GA GC GG GT
TA TC TG TT
3個だと
4^3=64通り
AAA AAC AAG
AAT ACA ACC
ACG ACT AGA
⋮
TTC TTG TTT
つまり塩基3つで1セットなら十分足りるわね

実際に3つ連続の塩基が1組で1つのアミノ酸を指定するの
トリプレットというのよ
鳥プレイってか

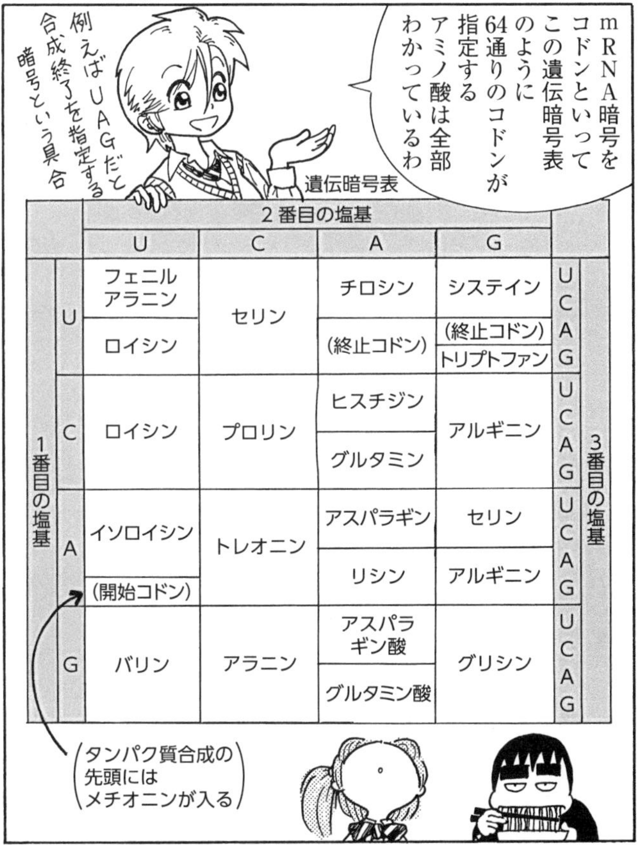
mRNA暗号をコドンといってこの遺伝暗号表のように64通りのコドンが指定するアミノ酸は全部わかっているわ
例えばUAGだと合成終了を指定する暗号という具合
タンパク質合成の先頭にはメチオニンが入る

遺伝暗号表

		2番目の塩基				
1番目の塩基		U	C	A	G	3番目の塩基
	U	フェニルアラニン	セリン	チロシン	システイン	U
						C
		ロイシン		(終止コドン)	(終止コドン)	A
					トリプトファン	G
	C	ロイシン	プロリン	ヒスチジン	アルギニン	U
						C
				グルタミン		A
						G
	A	イソロイシン	トレオニン	アスパラギン	セリン	U
						C
				リシン	アルギニン	A
		(開始コドン)				G
	G	バリン	アラニン	アスパラギン酸	グリシン	U
						C
				グルタミン酸		A
						G

始まりと終わりの暗号というのもあるんですね
開始のメチオニンは翻訳が終わると切り離されるみたいね

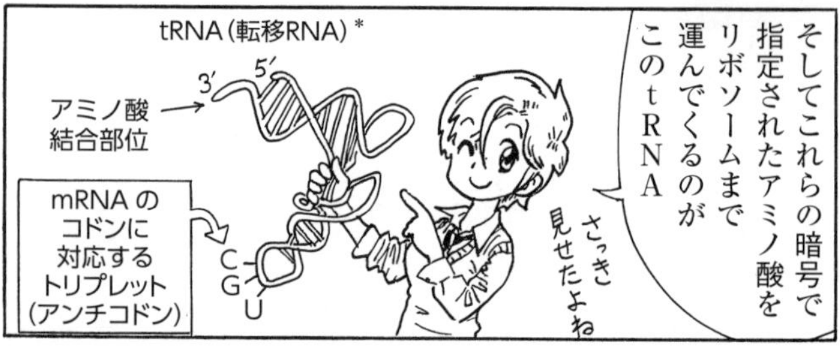
そしてこれらの暗号で指定されたアミノ酸をリボソームまで運んでくるのがこのtRNA
さっき見せたよね
tRNA（転移RNA）*
3′
5′
アミノ酸結合部位
mRNAのコドンに対応するトリプレット（アンチコドン）
C
G
U

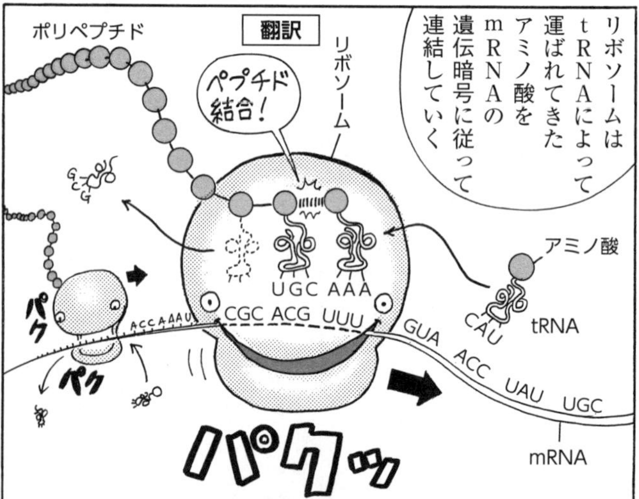
リボソームはtRNAによって運ばれてきたアミノ酸をmRNAの遺伝暗号に従って連結していく
翻訳
ポリペプチド
リボソーム
ペプチド結合！
アミノ酸
UGC AAA
CGC ACG UUU
CAU
tRNA
GUA ACC UAU UGC
mRNA
パク
パク
パクッ

＊ transfer RNA　以前の教科書では運搬 RNA と訳されていた

あよ？3種類あるRNAのあと1つrRNAはどうなったですか？
rRNAはリボソームRNAリボソームを作る主要成分よ
R指定RNA

ちなみに4本のrRNAとタンパク質が集まって1つのリボソームができる
大サブユニット(rRNA3本)
小サブユニット(rRNA1本)
細胞のRNAは8割がrRNAなのだ
あるあるRNA

あの…遺伝子はDNAなのに暗号表はmRNAなのねなぜ？
それは…

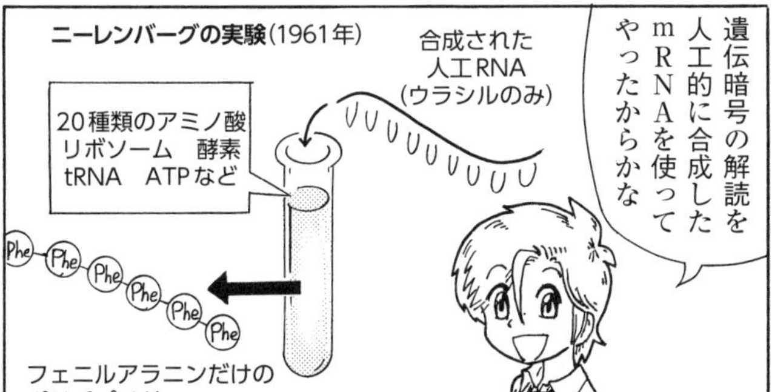
遺伝暗号の解読を人工的に合成したmRNAを使ってやったからかな
ニーレンバーグの実験(1961年)
合成された人工RNA(ウラシルのみ)
UUUUUUUUUUUUU
20種類のアミノ酸
リボソーム　酵素
tRNA　ATPなど
Phe Phe Phe Phe Phe Phe
フェニルアラニンだけのポリペプチド

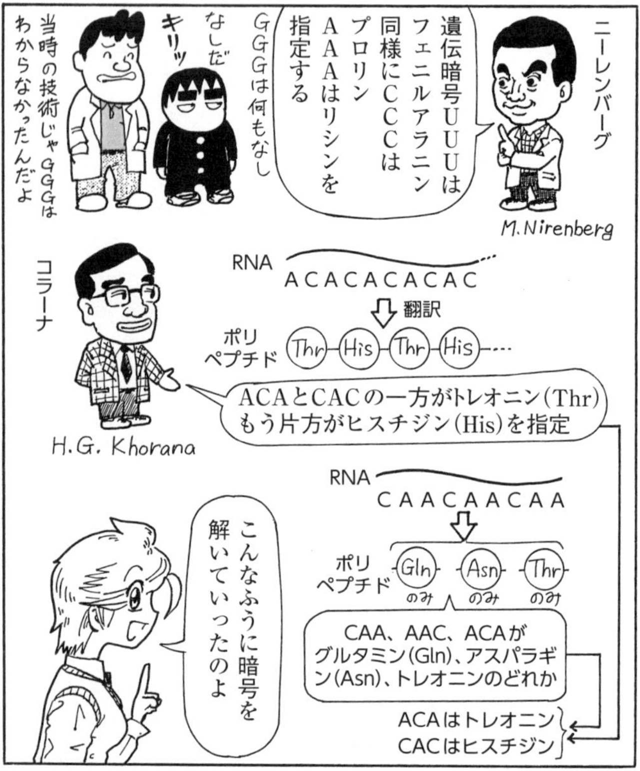
ニーレンバーグ
M.Nirenberg
遺伝暗号UUUはフェニルアラニン同様にCCCはプロリンAAAはリシンを指定する
GGGは何もなし
なしだ
キリッ
当時の技術じゃGGGはわからなかったんだよ
コラーナ
H.G. Khorana
RNA
ACACACACAC
翻訳
ポリペプチド
Thr His Thr His ····
ACAとCACの一方がトレオニン(Thr)もう片方がヒスチジン(His)を指定
RNA
CAACAACAA
ポリペプチド
Gln のみ
Asn のみ
Thr のみ
CAA、AAC、ACAがグルタミン(Gln)、アスパラギン(Asn)、トレオニンのどれか
ACAはトレオニン
CACはヒスチジン
こんなふうに暗号を解いていったのよ

それはわかったけど…DNAとRNAはAとT(U)、CとGが逆になるでしょそれが気になって
なるほどね
逆ってわけでもないぞ

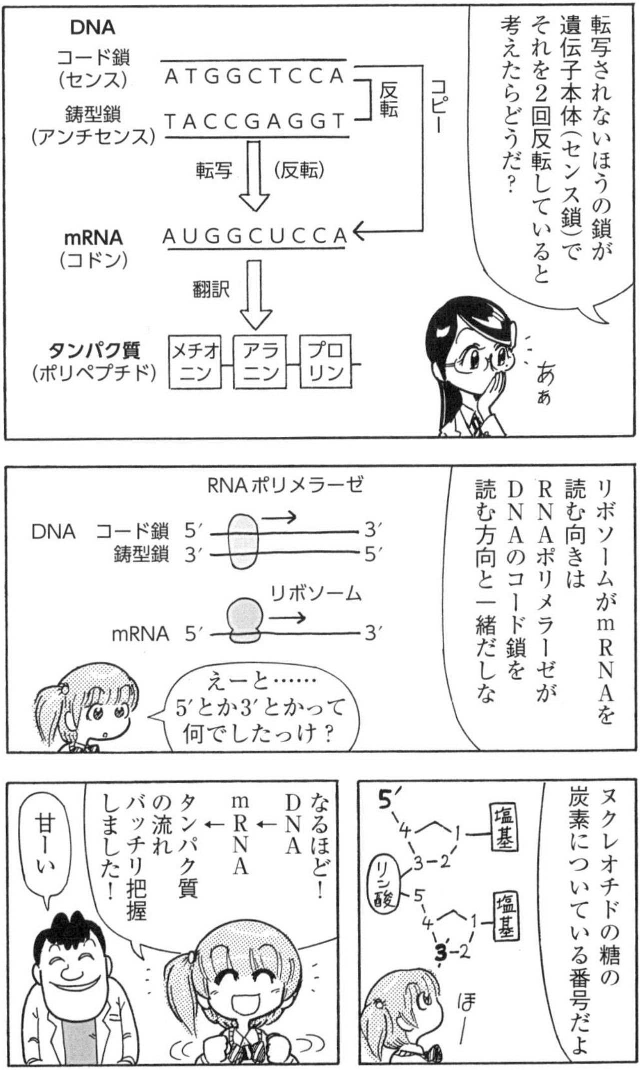
転写されないほうの鎖が
遺伝子本体（センス鎖）で
それを2回反転していると
考えたらどうだ？
DNA
コード鎖
（センス）
ATGGCTCCA
鋳型鎖
（アンチセンス）
TACCGAGGT
反転
コピー
転写
（反転）
mRNA
（コドン）
AUGGCUCCA
翻訳
タンパク質
（ポリペプチド）
メチオニン
アラニン
プロリン
あぁ
リボソームがmRNAを
読む向きは
RNAポリメラーゼが
DNAのコード鎖を
読む方向と一緒だしな
RNAポリメラーゼ
DNA　コード鎖 5′ 3′
鋳型鎖 3′ 5′
リボソーム
mRNA 5′ 3′
えーと……
5′とか3′とかって
何でしたっけ？
ヌクレオチドの糖の
炭素についている番号だよ
5′
4
1
3-2
塩基
リン酸
5
4
1
3-2
塩基
ほー
なるほど！
DNA ← mRNA ← タンパク質の流れ
バッチリ把握
しました！
甘ーい

こんどはなんですか
あ…
菊樹　スプライシングについて説明頼む
はいはい

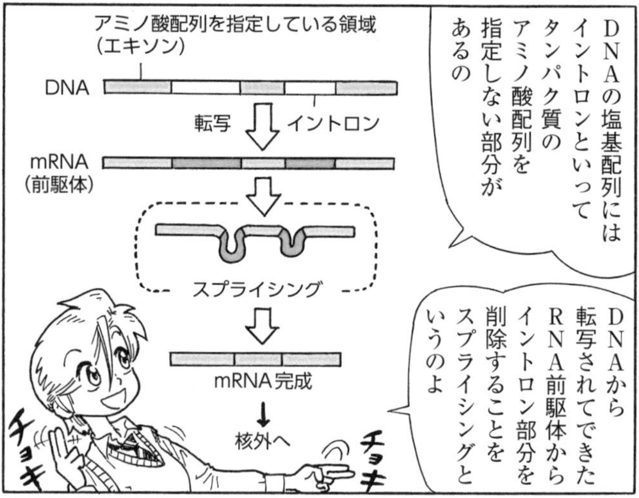
ＤＮＡの塩基配列にはイントロンといってタンパク質のアミノ酸配列を指定しない部分があるの
アミノ酸配列を指定している領域（エキソン）
DNA
転写
イントロン
mRNA（前駆体）
スプライシング
mRNA完成
核外へ
ＤＮＡから転写されてできたＲＮＡ前駆体からイントロン部分を削除することをスプライシングというのよ
チョキ
チョキ

なんでわざわざいらない配列も一緒に転写した後カットするですか？
核の中は切り捨てたゴミだらけか
それは…

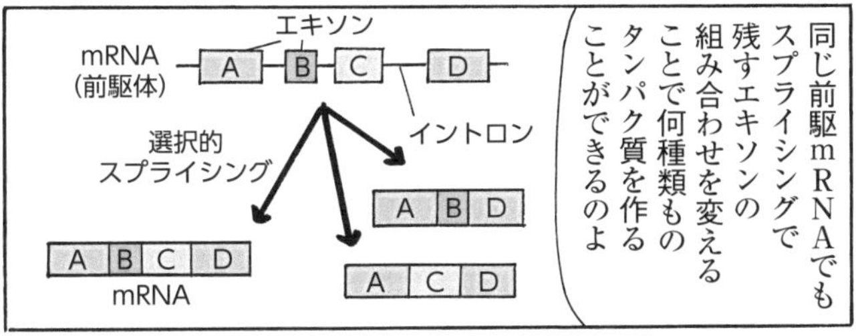
同じ前駆mRNAでも
スプライシングで
残すエキソンの
組み合わせを変える
ことで何種類もの
タンパク質を作る
ことができるのよ
エキソン
mRNA
（前駆体）
A B C D
イントロン
選択的
スプライシング
A B D
A C D
A B C D
mRNA

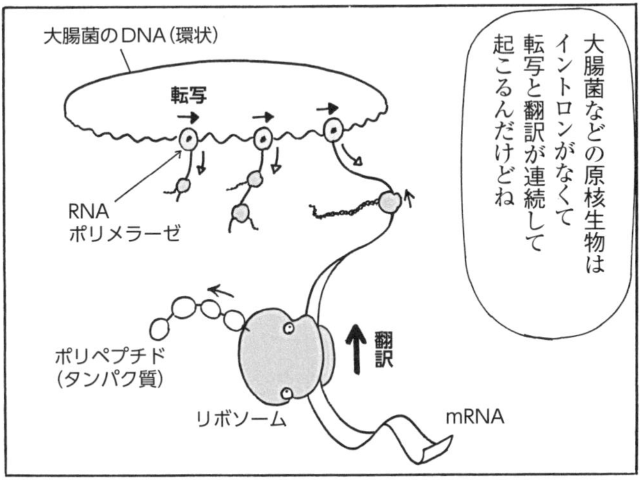
大腸菌などの原核生物は
イントロンがなくて
転写と翻訳が連続して
起こるんだけどね
大腸菌のDNA（環状）
転写
RNA
ポリメラーゼ
ポリペプチド
（タンパク質）
リボソーム
翻訳
mRNA

そっちのが
簡単で
いいな
真核
めんどくせー
あんたは
もともと
原核側じゃ
ないの？

だだだ
大腸菌と
一緒にするか
貴様ーー

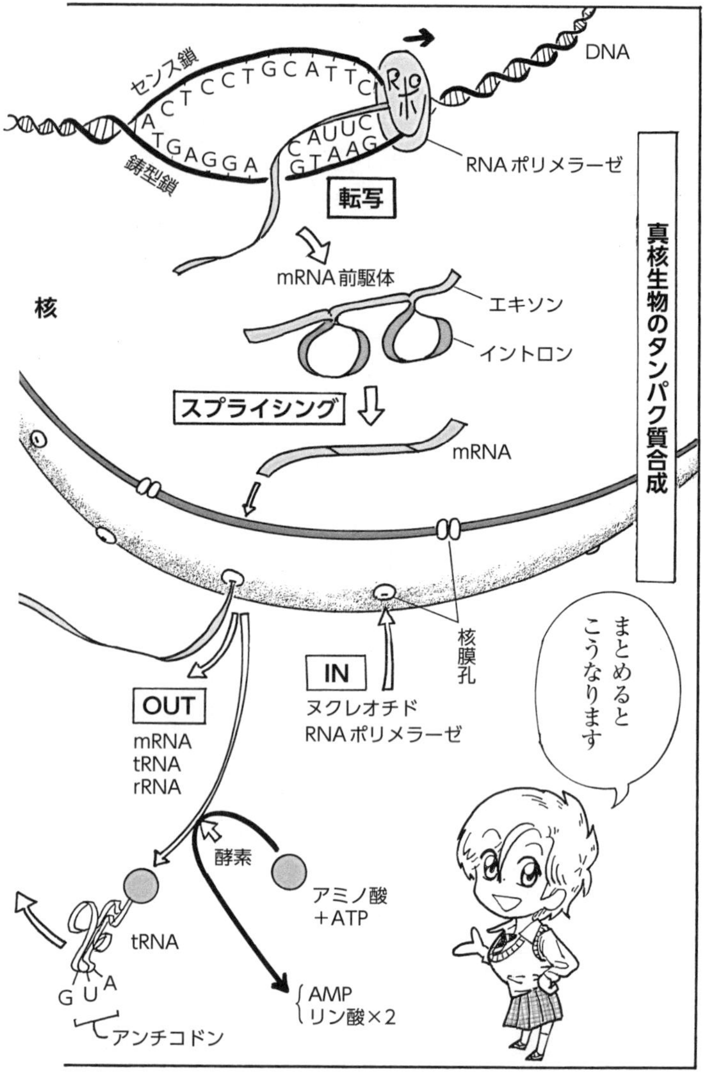
真核生物のタンパク質合成
センス鎖
ACTCCTGCATTC
DNA
TGAGGA
GTAAG
CAUUC
鋳型鎖
RNAポリメラーゼ
転写
mRNA前駆体
核
エキソン
イントロン
スプライシング
mRNA
核膜孔
IN
ヌクレオチド
RNAポリメラーゼ
OUT
mRNA
tRNA
rRNA
酵素
アミノ酸
＋ATP
tRNA
GUA
アンチコドン
AMP
リン酸×2
まとめると
こうなります

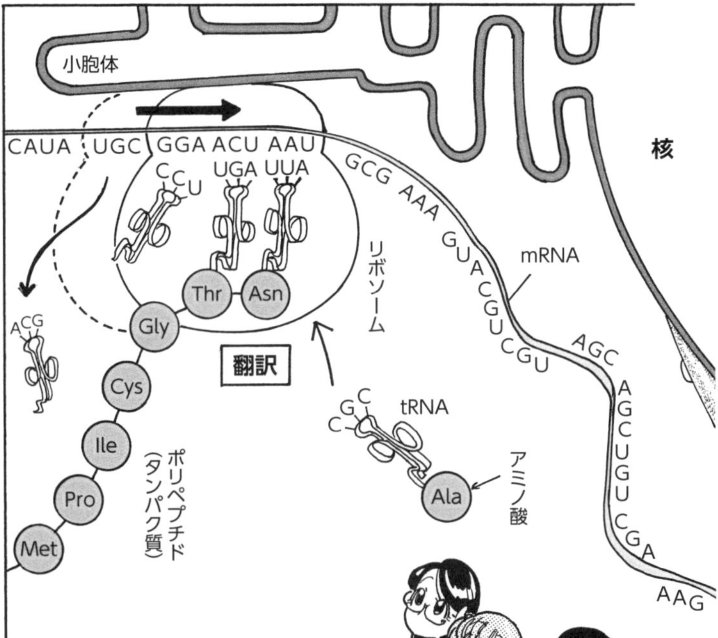

小胞体
核
CAUA UGC GGA ACU AAU
GCG AAA GUACGUCGU AGC AGCUGUCGA AAG
CCU UGA UUA
ACG
mRNA
リボソーム
翻訳
tRNA
CGC
Ala
アミノ酸
Met Pro Ile Cys Gly Thr Asn
ポリペプチド
(タンパク質)

タンパク質を作るアミノ酸
(† 酸性　＊塩基性)

疎水性	グリシン(ⒼGly)	ロイシン(ⓁLeu)
	アラニン(ⒶAla)	イソロイシン(ⒾIle)
	プロリン(ⓅPro)	メチオニン(ⓂMet)
		フェニルアラニン(ⒻPhe)
	バリン(ⓋVal)	トリプトファン(ⓌTrp)
親水性	セリン(ⓈSer)	トレオニン(ⓉThr)
	アスパラギン(ⓃAsn)	＊リシン(ⓀLys)
	†アスパラギン酸(ⒹAsp)	システイン(ⒸCys)
	グルタミン(ⓆGln)	＊ヒスチジン(ⒽHis)
	†グルタミン酸(ⒺGlu)	＊アルギニン(ⓇArg)
	チロシン(ⓎTyr)	

成長期の必須アミノ酸　必須アミノ酸(ヒトの体内で合成できない)

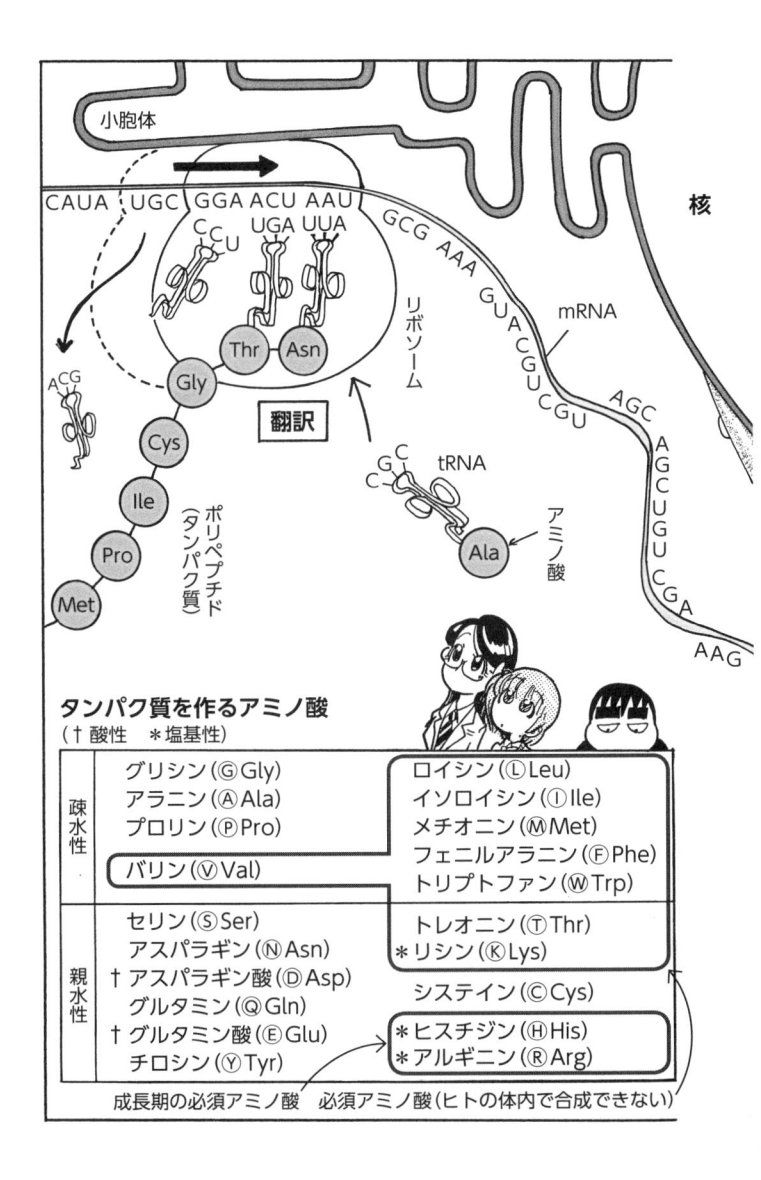

タンパク質ができました！
ポリペプチドとも言いますね
できたその鎖だけど……
タンパク質は分子がさまざまな立体構造をもつことでいろいろな働きをもつの
これじゃだめですか
一直線のアミノ酸の鎖を折りたたんで立体構造を作るわけだけど……
アミノ酸どうしがいくつかの方法で結合することで形ができるわけ
①水素結合（弱い）
=O…H−
②S−S結合（強い）
−S−S−
③イオン結合
タンパク質の立体構造は一次から四次まであって
ヒトインスリンのA鎖*の一次構造（21ペプチド）
NH_2 − Gly Ile Val Glu Gln Cys Cys Thr Ser Ile Cys Ser Leu Tyr Gln Leu Glu Asn Tyr Cys Asn − COOH
一次構造はポリペプチドを構成するアミノ酸の配列順序

＊インスリンはA鎖とB鎖の２本のポリペプチドによって形成される

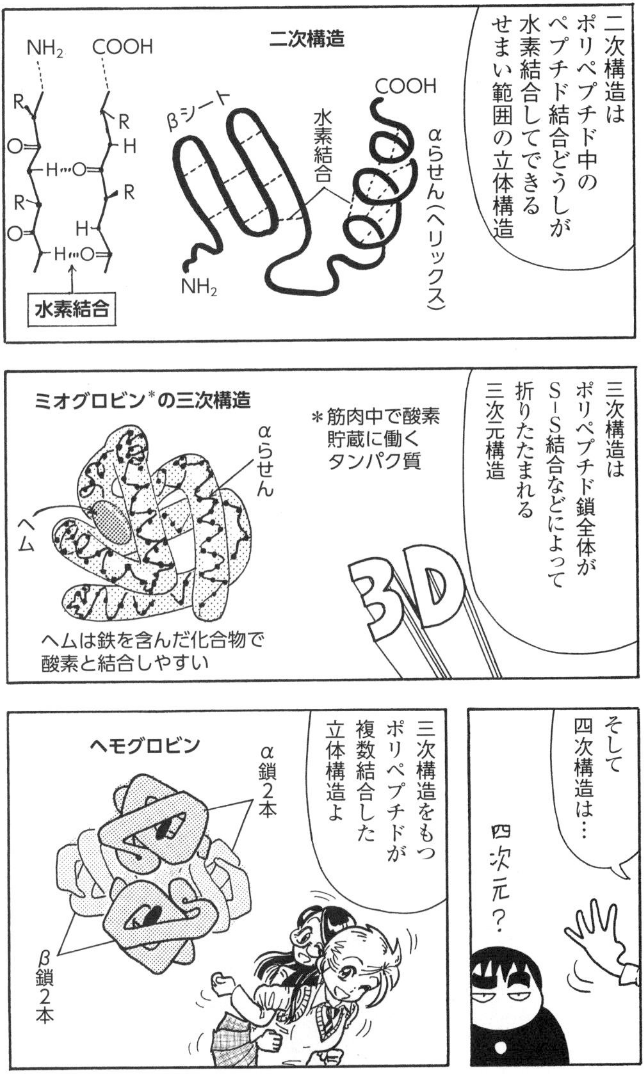
二次構造は
ポリペプチド中の
ペプチド結合どうしが
水素結合してできる
せまい範囲の立体構造
二次構造
αらせん（ヘリックス）
COOH
水素結合
βシート
NH_2
NH_2
COOH
R
H
R
H
R
R
水素結合
三次構造は
ポリペプチド鎖全体が
S-S結合などによって
折りたたまれる
三次元構造
3D
ミオグロビン＊の三次構造
＊筋肉中で酸素
貯蔵に働く
タンパク質
αらせん
ヘム
ヘムは鉄を含んだ化合物で
酸素と結合しやすい
そして
四次構造は…
四次元？
三次構造をもつ
ポリペプチドが
複数結合した
立体構造よ
ヘモグロビン
α鎖2本
β鎖2本

酵素の反応促進作用はこの立体構造のくぼみ(活性部位)に基質がはまることで始まる
リゾチーム
熱や酸アルカリなどでこの立体構造が壊れるんだけどこれを変性というの
ぬっ
ではどうやってポリペプチドは折りたたまれると思う?
急に顔出すとこわいでしょ!
そんな…
ちょっとはしゃべらせてくれよ…
Q タンパク質の立体構造は……
①リボソームが作る
②専門の細胞小器官が作る
③専門のタンパク質が作る
④勝手に折りたたまれる
難しいわね……
まぎらわしい②と③のどちらか?
①は前に習っていないから×ですね
たぶん
めんどくせー
④だ④
④も一応合ってるのよ
ズ?
マジ?!

アミノ酸には親水性と疎水性のものがあるけど
ポリペプチド鎖
疎水性
親水性
NH_2
COOH
親水性は外側
疎水性は内側
水の中では疎水性の側鎖どうしで集まって内側になるよう折りたたまれるってわけ
ヨッシャー!どうだ俺天才ー♪
ヘッヘーン
テングです…
ところが現実はそんなに甘くない
そのこころは?
それはね……
細胞質基質ではタンパク質や他のポリペプチドアミノ酸などとくっついちゃうの
ぴとっ
ぴとっ
タンパク質
おいおい
ちょっとちょっと

卵を加熱すると卵白のタンパク質(アルブミン)が白く固まるのは変性の典型的な例なんだが……
今の菊樹の話からタンパク質を加熱するとなんで固まるのか説明してみ
? ? ?
アルブミンダヨー
水に囲まれ親水性外側
疎水性内側
熱を加えると
熱
熱
熱
熱
分子の振動が激しくなって
分子内の結合が切れ疎水性の部分が出てくる……
ブチッ
ブチッ
ブチッ
タンパク質の立体構造がほどけて疎水性の部分同士でくっついてしまうんですね
そう 凝集してしまうんだ

合成されたポリペプチドを凝集させずに折りたたむ専用のタンパク質がある
その名も分子シャペロン！
というわけでさっきの答えは③
シャペロンとは社交界で若いレディを介添えする女性のことですよね
ルノワールの絵に出てくるシャッポ(帽子)をかぶった女性がそれらしいな
ムーラン・ド・ラ・ギャレットで検索！
分子シャペロンにはたとえば中の空間にポリペプチドをしまいこんで折りたたみ(フォールディング)を進めるものがあるわ
ポリペプチド
ふた
(GroES)
タンパク質
シャペロン
(GroEL)

↑同じ反応が両側で交互に進行する(ATPが必要)

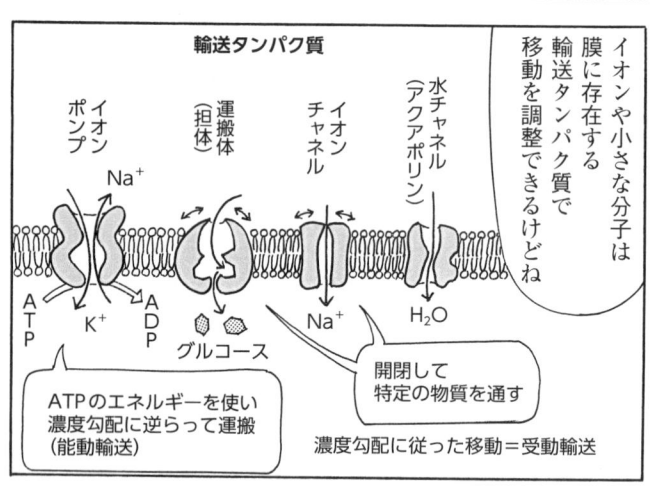

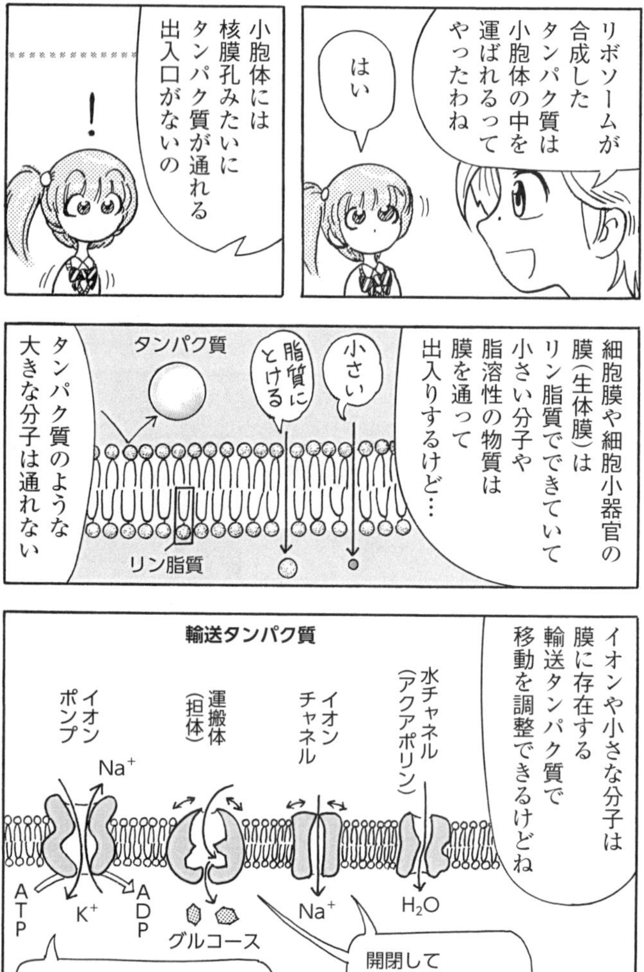
リボソームが合成したタンパク質は小胞体の中を運ばれるってやったわね
はい
小胞体には核膜孔みたいにタンパク質が通れる出入口がないの
!
細胞膜や細胞小器官の膜(生体膜)はリン脂質でできていて小さい分子や脂溶性の物質は膜を通って出入りするけど…
小さい
脂質にとける
タンパク質
リン脂質
タンパク質のような大きな分子は通れない
イオンや小さな分子は膜に存在する輸送タンパク質で移動を調整できるけどね
輸送タンパク質
水チャネル(アクアポリン)
イオンチャネル
運搬体(担体)
イオンポンプ
Na^+
K^+
ATP
ADP
グルコース
Na^+
H_2O
開閉して特定の物質を通す
ATPのエネルギーを使い濃度勾配に逆らって運搬(能動輸送)
濃度勾配に従った移動＝受動輸送

小胞体は小胞を作ってタンパク質出すんだろそれで逆に入れりゃいいんじゃないか
OUT
IN
1分子ずつ通すなんて細かすぎるのよね
ポリペプチドを通すチャネル（トランスロコン）はあるけど
どうやって通そう？
タンパク質
細胞質基質
小胞体
リボソーム
トランスロコン
困ったわねぇ
最初からここでこの中へ合成してほしいです
そこでリボソームを連れて行くタンパク質もいるの
どもです
S
SRP＊

＊SRP（Signal Recognition Particle＝シグナル認識粒子）

リボソーム
合成されたポリペプチドの先頭部分を目印にして結合する
ややっ行かねば
翻訳は一時ストップしトランスロコンまで運ばれる
小胞体膜
トランスロコン
SRP受容体
分子シャペロン(BiP)
バーイ
リボソームがセットされると翻訳が再開し先導役のタンパク質は離れる
内側でふたをしていた分子シャペロンも離れる
目印となっていた部分(シグナルペプチド)はカットされる
すごくうまいしくみですねー
便器の上に座ってウ○コするようなもんだな
そして小胞体の中にポリペプチドを折りたたむシャペロンがあるのよ
細胞質基質
小胞体
膜タンパク質の分子シャペロン(カルネキシン)
ポリペプチドを折りたたむ

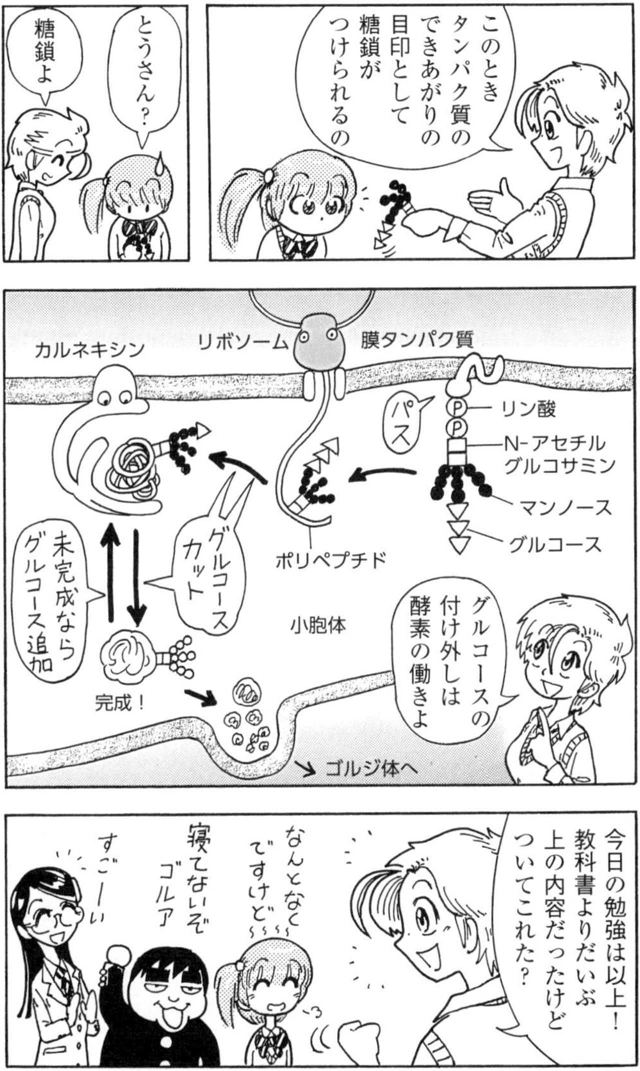
このとき
タンパク質の
できあがりの
目印として
糖鎖が
つけられるの
とうさん？
糖鎖よ
リボソーム
膜タンパク質
カルネキシン
パス
リン酸
N-アセチル
グルコサミン
マンノース
グルコース
ポリペプチド
グルコースカット
未完成ならグルコース追加
完成！
小胞体
ゴルジ体へ
グルコースの付け外しは酵素の働きよ
今日の勉強は以上！
教科書よりだいぶ上の内容だったけど
ついてこれた？
なんとなくですけど
寝てないぞゴルア
すごーい

私と史絵はシャペロンで
すずはこれから
完成していくタンパク質
みたいなものね
がんばりましょ
先生は
核ってことに
しときましょ
やった
おい
俺は？
忘れてんぞ
なに言ってるの
すずと同じ完成前の
ポリペプチドでしょ
お
だから
未完成の
ポリペプチドは
互いに距離を
保ちなさいね
おあとが
よろしい
ようで
心配ですか
そーですか

プラスワンポイント 4 糖について

代表例はグルコース
（ブドウ糖）

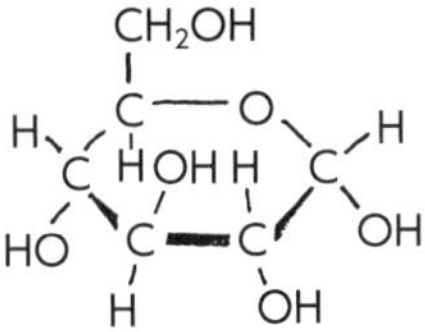

有機物（炭素を
骨格とした化合物）のうち
糖類（炭水化物）は
水となじみやすく
特にエネルギー源として
重要な物質ね

単糖類 ①**六炭糖**
（Cを6つ含む）

・ 水素（H）
● 炭素（C）
○ 酸素（O）

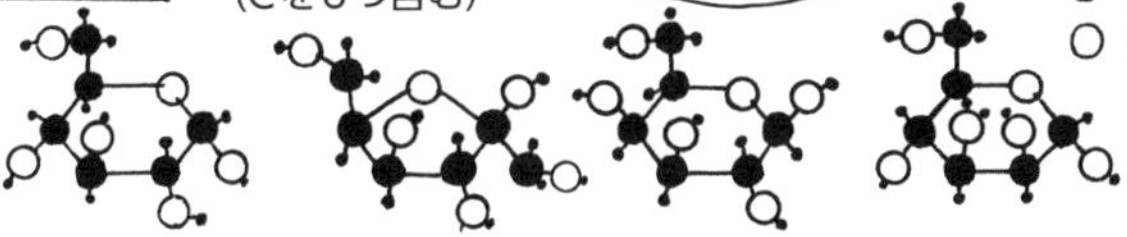

グルコース　フルクトース　ガラクトース　マンノース

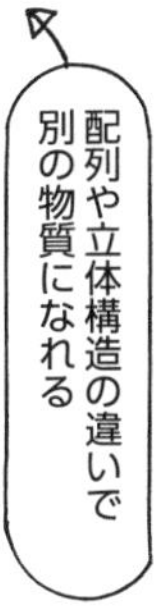
配列や立体構造の違いで
別の物質になれる

②**五炭糖**　デオキシリボース、リボース、
キシロース（キシリトールの原料）など

二糖類

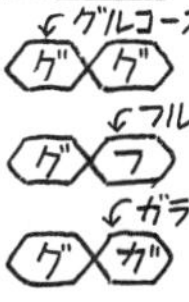

↙グルコース
〈グ〉〈グ〉　マルトース（麦芽糖）水あめの成分

↙フルクトース
〈グ〉〈フ〉　スクロース（ショ糖）砂糖の主成分

↙ガラクトース
〈グ〉〈ガ〉　ラクトース（乳糖）牛乳などの乳に含まれる

多糖類

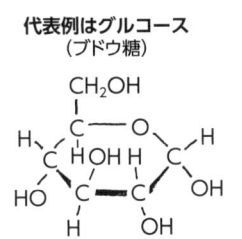

デンプン ｛アミロース（直鎖状）／アミロペクチン（枝分かれが多い）｝
グリコーゲン 動物の肝臓や筋肉に蓄えられる
セルロース 植物の細胞壁の主成分

Lesson5 ▸▸▸ 体細胞分裂と染色体

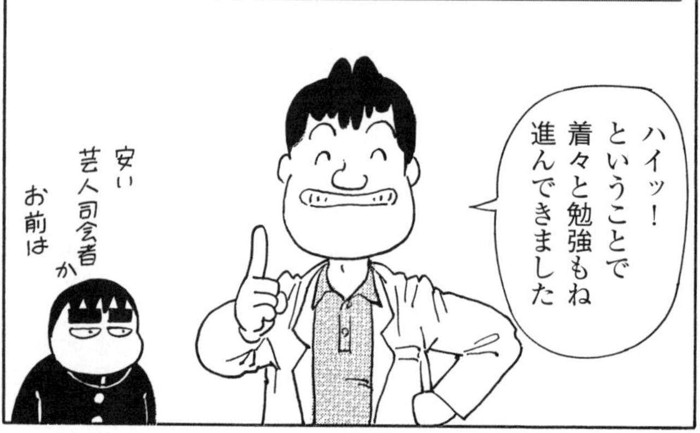

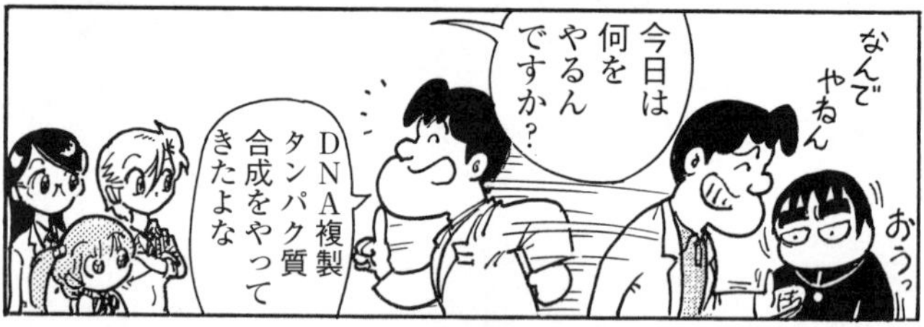

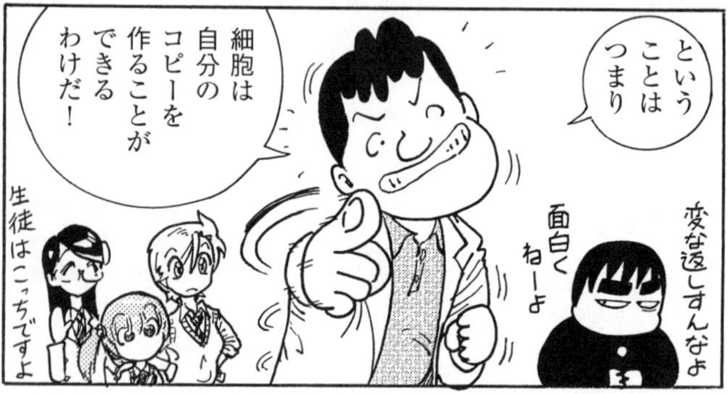

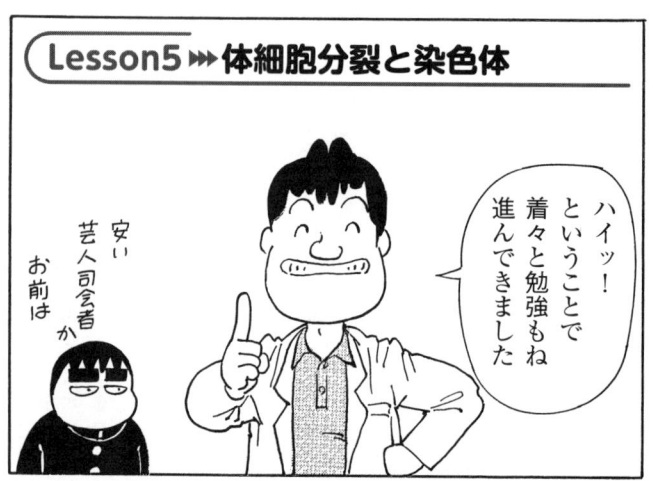

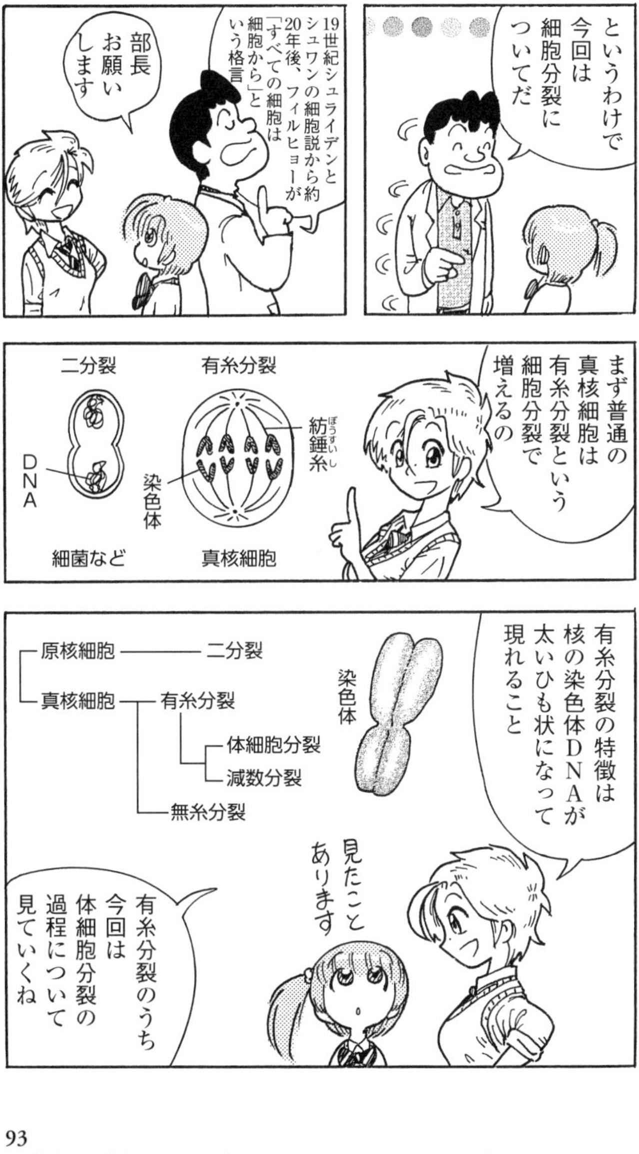
というわけで今回は細胞分裂についてだ
19世紀シュライデンとシュワンの細胞説から約20年後、フィルヒョーが「すべての細胞は細胞から」という格言
部長お願いします
まず普通の真核細胞は有糸分裂という細胞分裂で増えるの
二分裂
DNA
細菌など
有糸分裂
紡《ぼう》錘《すい》糸《し》
染色体
真核細胞
有糸分裂の特徴は核の染色体DNAが太いひも状になって現れること
染色体
原核細胞
二分裂
真核細胞
有糸分裂
体細胞分裂
減数分裂
無糸分裂
見たことあります
有糸分裂のうち今回は体細胞分裂の過程について見ていくね

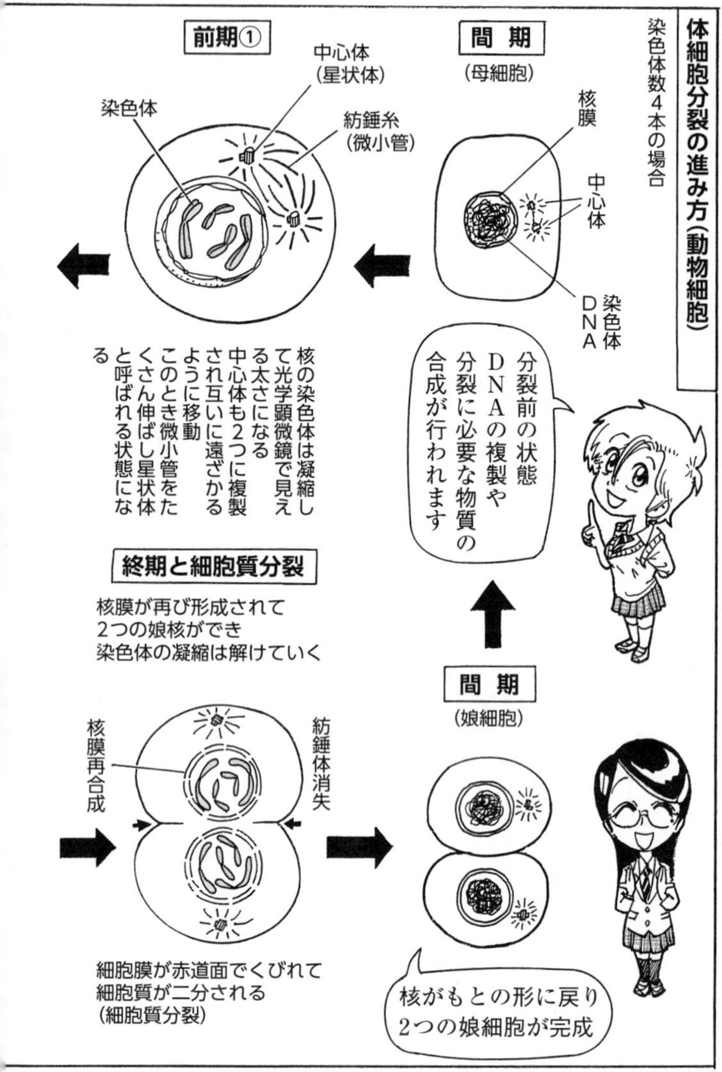

体細胞分裂の進み方(動物細胞)
染色体数4本の場合
間期
(母細胞)
核膜
中心体
染色体
DNA
分裂前の状態
DNAの複製や
分裂に必要な物質の
合成が行われます
前期①
中心体
(星状体)
紡錘糸
(微小管)
染色体
核の染色体は凝縮して光学顕微鏡で見える太さになる
中心体も2つに複製され互いに遠ざかるように移動
このとき微小管をたくさん伸ばし星状体と呼ばれる状態になる
終期と細胞質分裂
核膜が再び形成されて
2つの娘核ができ
染色体の凝縮は解けていく
核膜再合成
紡錘体消失
細胞膜が赤道面でくびれて
細胞質が二分される
(細胞質分裂)
間期
(娘細胞)
核がもとの形に戻り
2つの娘細胞が完成

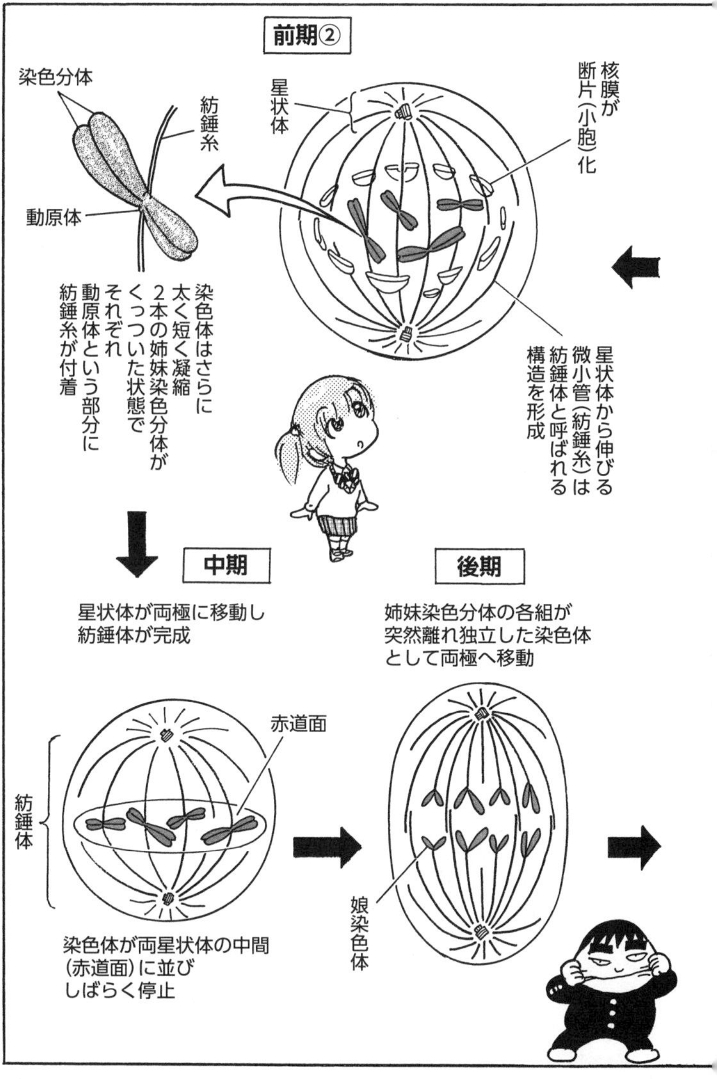
前期②
核膜が断片(小胞)化
星状体
紡錘糸
染色分体
動原体
星状体から伸びる微小管(紡錘糸)は紡錘体と呼ばれる構造を形成
染色体はさらに太く短く凝縮
2本の姉妹染色分体がくっついた状態で
それぞれ動原体という部分に紡錘糸が付着
中期
星状体が両極に移動し
紡錘体が完成
赤道面
紡錘体
染色体が両星状体の中間
(赤道面)に並び
しばらく停止
後期
姉妹染色分体の各組が
突然離れ独立した染色体
として両極へ移動
娘染色体

植物細胞の場合は
星状体ができなくて
細胞質分裂で
細胞板という
仕切りができて
新しい細胞壁に
なっていくの
中期
極帽
細胞質分裂
細胞板

母細胞娘細胞って
細胞は女か？
たんに
親と子って
ことだけどな
英語の
mother cell
daughter cells
の訳ですね

部長
染色体について
教えてください
DNA分子は
すごく長いから
娘細胞に
分けるため
何本かに切って
コンパクトに
まとめるの
ヒトDNAは
1細胞で
2mでしょ
DNAの長さは
直径の約10億倍
便利
今どき
テープかよ

1 2 3 4 5 6 7 8 9 10 11 12 13 14
ヒトの場合体細胞の染色体は46本長さの順に1〜22番の番号がついているの
1つの細胞には同じ番号の染色体が2本ずつあって相同染色体というのこれは両親から1本ずつ受け継いだものなのよ

15 16 17 18 19 20 21 22 X Y
23番がないですね
XとYって…
XとY染色体は性染色体といって女はXX、男はXYの組み合わせになってるのそれ以外の染色体は常染色体というのよ

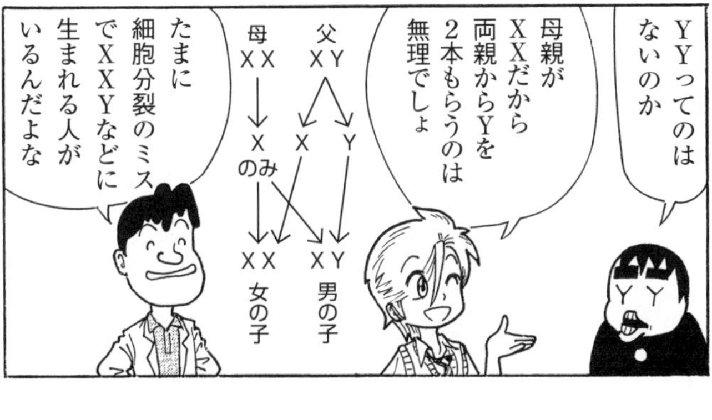
YYってのはないのか
母親がXXだから両親からYを2本もらうのは無理でしょ
父
XY
X
Y
母
XX
Xのみ
XX
女の子
XY
男の子
たまに細胞分裂のミスでXXYなどに生まれる人がいるんだよな

染色体数は種によってまちまちですね
染色体の数や形の特徴を核型というの

ヒト染色体とおもな遺伝子

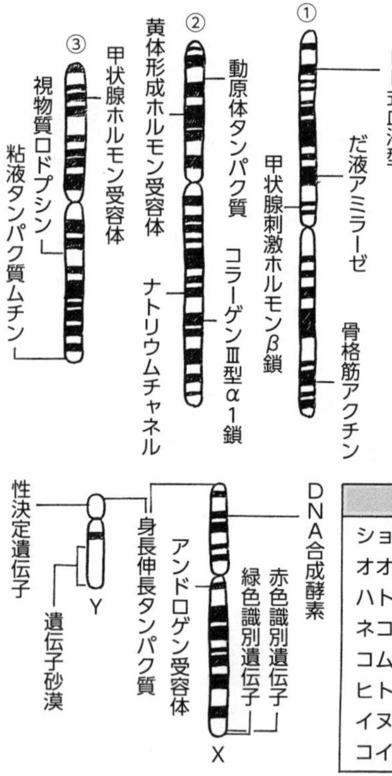

①
Rh式血液型
だ液アミラーゼ
甲状腺刺激ホルモンβ鎖
骨格筋アクチン
②
動原体タンパク質
黄体形成ホルモン受容体
コラーゲンⅢ型α1鎖
ナトリウムチャネル
③
甲状腺ホルモン受容体
視物質ロドプシン
粘液タンパク質ムチン
DNA合成酵素
赤色識別遺伝子
緑色識別遺伝子
アンドロゲン受容体
X
身長伸長タンパク質
性決定遺伝子
遺伝子砂漠
Y

生物種		染色体数
ショウジョウバエ		8
オオムギ	ライムギ	14
ハト	タマネギ	16
ネコ		38
コムギ		42
ヒト		46
イヌ	ニワトリ	78
コイ		100

あれ 染色体って の形じゃないんですか?
その形になるのは細胞分裂の前期から中期の間だけよ

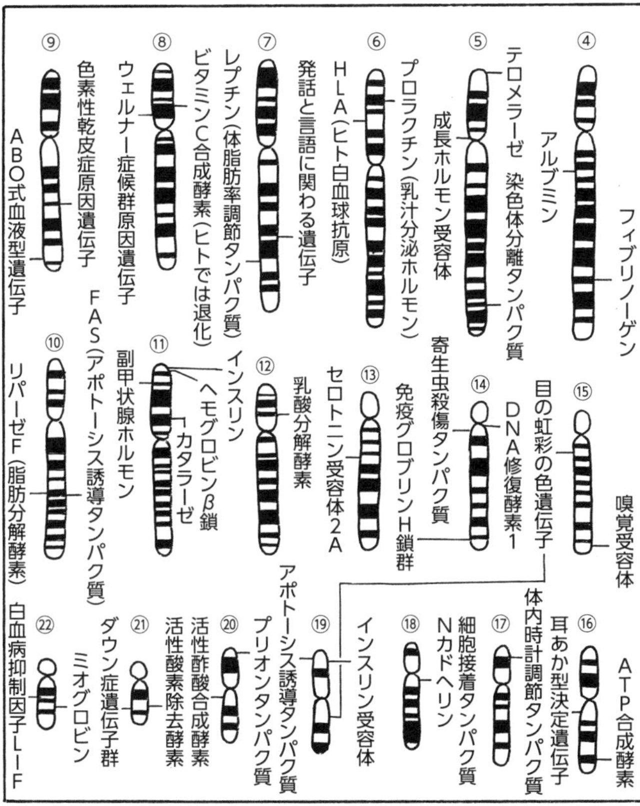
④
アルブミン
フィブリノーゲン
⑤
テロメラーゼ
成長ホルモン受容体
染色体分離タンパク質
⑥
プロラクチン（乳汁分泌ホルモン）
HLA（ヒト白血球抗原）
⑦
発話と言語に関わる遺伝子
レプチン（体脂肪率調節タンパク質）
ビタミンC合成酵素（ヒトでは退化）
⑧
ウェルナー症候群原因遺伝子
⑨
色素性乾皮症原因遺伝子
ABO式血液型遺伝子
⑮
目の虹彩の色遺伝子
嗅覚受容体
⑭
DNA修復酵素1
寄生虫殺傷タンパク質
免疫グロブリンH鎖群
⑬
セロトニン受容体2A
⑫
乳酸分解酵素
⑪
インスリン
ヘモグロビンβ鎖
カタラーゼ
副甲状腺ホルモン
⑩
FAS（アポトーシス誘導タンパク質）
リパーゼF（脂肪分解酵素）
⑯
ATP合成酵素
耳あか型決定遺伝子
⑰
体内時計調節タンパク質
細胞接着タンパク質
⑱
Nカドヘリン
⑲
インスリン受容体
アポトーシス誘導タンパク質
⑳
プリオンタンパク質
活性酢酸合成酵素
活性酸素除去酵素
㉑
ダウン症遺伝子群
㉒
ミオグロビン
白血病抑制因子LIF

文部科学省監修ヒトゲノムマップより

中期の染色体は娘細胞2つ分になっている状態だからね
あ
そうですね

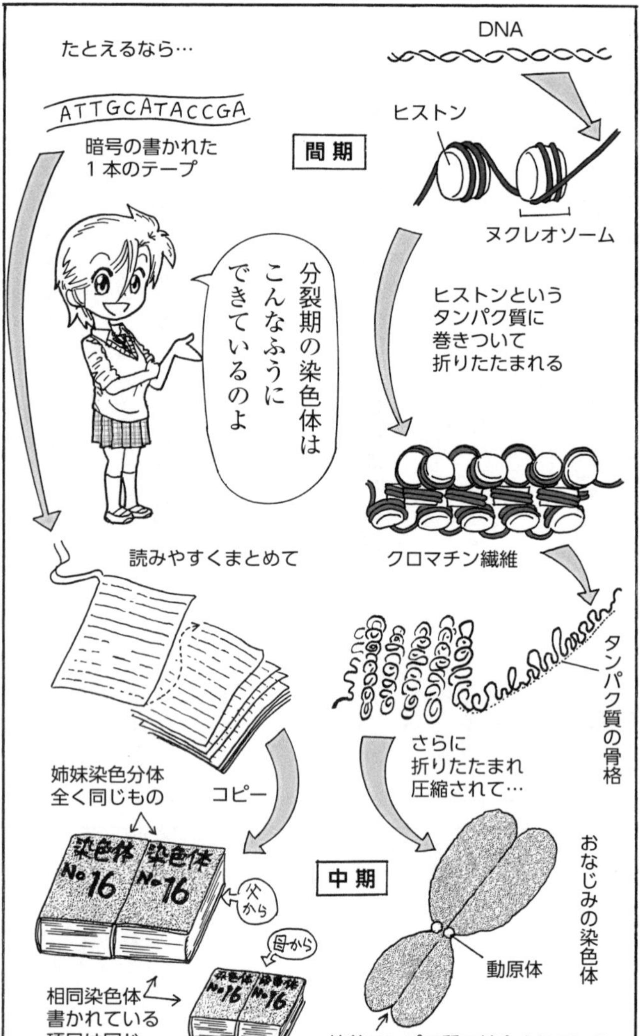
たとえるなら…
ATTGCATACCGA
暗号の書かれた
1本のテープ
間期
DNA
ヒストン
ヌクレオソーム
ヒストンという
タンパク質に
巻きついて
折りたたまれる
分裂期の染色体は
こんなふうに
できているのよ
読みやすくまとめて
クロマチン繊維
タンパク質の骨格
さらに
折りたたまれ
圧縮されて…
姉妹染色分体
全く同じもの
コピー
染色体 No16
染色体 No16
父から
母から
中期
おなじみの染色体
動原体
相同染色体
書かれている
項目は同じ
接着タンパク質で結合されている

つまり お母さんと お父さんから もらった本が 23冊ずつあって それぞれ コピーされて 同じ本が くっついた ものを 1冊ずつ 切り離して 46冊ずつ 2つの娘細胞に 分けるわけですね
そうよ ここまで どう？
No. 1
No. 1

メモ この23冊の本にあたる遺伝情報の１セット分をゲノムという

ん〜 ちょっと ややこしい かもです
そうね

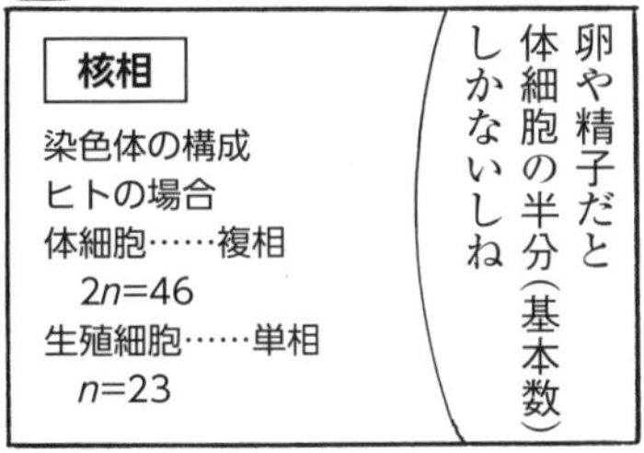
卵や精子だと 体細胞の半分（基本数） しかないしね
核相
染色体の構成
ヒトの場合
体細胞……複相
2n=46
生殖細胞……単相
n=23

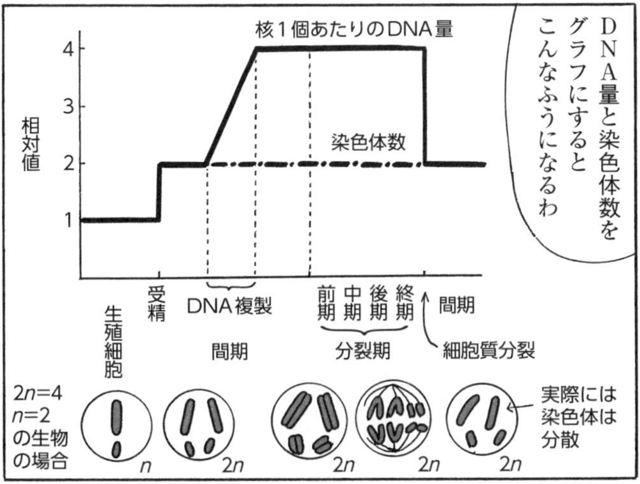
DNA量と染色体数を グラフにすると こんなふうになるわ
核１個あたりのDNA量
相対値
4
3
2
1
染色体数
生殖細胞
受精
DNA複製
間期
前期
中期
後期
終期
分裂期
間期
細胞質分裂
2n=4
n=2
の生物
の場合
n
2n
2n
2n
2n
実際には 染色体は 分散

2nの細胞から
nの細胞って
どうやって
できるんだ？
それを
作るのが
減数分裂よ
また今度ね
あと
4ページ前の
染色体地図
あれどう
調べんだよ
それもまた
今度ね
菊樹のレッスンは
これで一段落かな
はい
菜村
染色体が
赤道面に
並ぶのは？
中期です
紡錘糸は
染色体の
どこに
くっつく？
動原体です
中心体とまわりに
出てる微小管を
合わせた構造は？
星状体です
おー
バッチリ
だな
オレだって
わかってたぜ

それじゃ分裂時に現れる紡錘糸は染色体を引っ張ってるのかそれとも押してるのか？
へ？
後期には紡錘糸が縮んで染色体を両極に引っ張ってくんじゃないですか？
いちいち聞くな当然だろアホか
ブッブー
びんよよ〜〜ん
紡錘糸は微小管だと言っただろ？
微小管は中心体が起点
糸というより棒高跳びのポールみたいな感じかな
とと
骨が成長して手足が長くなるように微小管は細胞の成長や分裂に関与してるんだ
にゅーーん

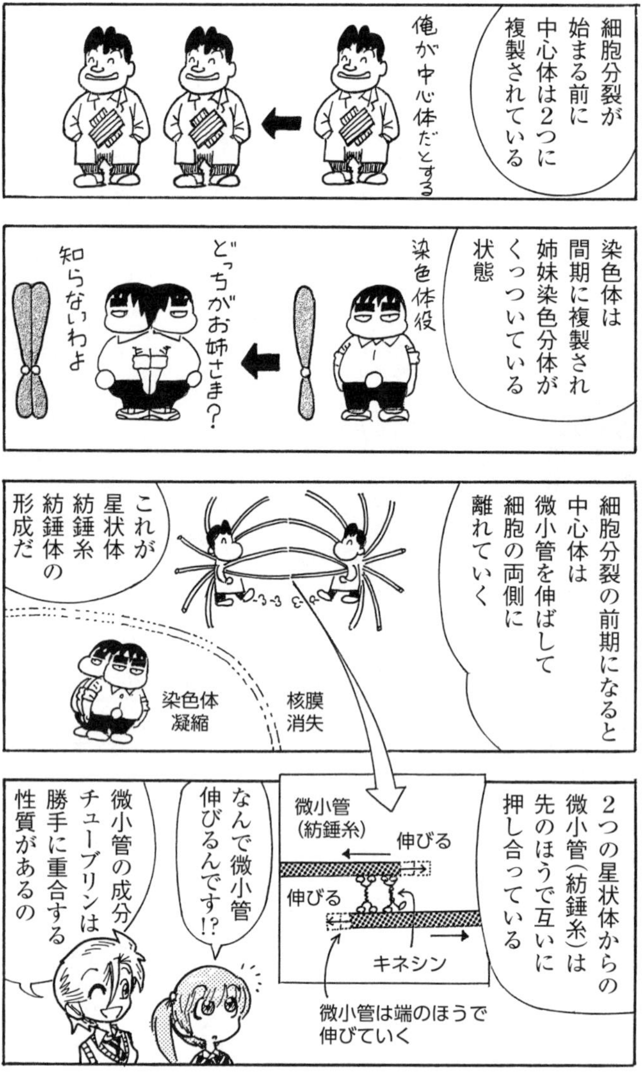
細胞分裂が
始まる前に
中心体は2つに
複製されている
俺が中心体だとする
染色体は
間期に複製され
姉妹染色分体が
くっついている
状態
染色体役
どっちがお姉さま?
知らないわよ
細胞分裂の前期になると
中心体は
微小管を伸ばして
細胞の両側に
離れていく
これが
星状体
紡錘糸
紡錘体の
形成だ
核膜
消失
染色体
凝縮
2つの星状体からの
微小管(紡錘糸)は
先のほうで互いに
押し合っている
微小管
(紡錘糸)
伸びる
伸びる
キネシン
微小管は端のほうで
伸びていく
なんで微小管
伸びるんです!?
微小管の成分
チューブリンは
勝手に重合する
性質があるの

そして大事なのが動原体だ
姉妹染色分体
ド
動原体（キネトコア）
動原体は染色体DNAの特殊な塩基配列の領域（セントロメア）にタンパク質が結合した構造でここに星状体からの紡錘糸が結合してくるんだ
つまり
おぐぉ
ドス
染色体は紡錘糸に押されて遠ざかる
ずずず
さらに
ドス
おごぉ
ド
反対側からの紡錘糸にも押され染色体は中間の赤道面で止まる
細胞膜を押し広げる
赤道面

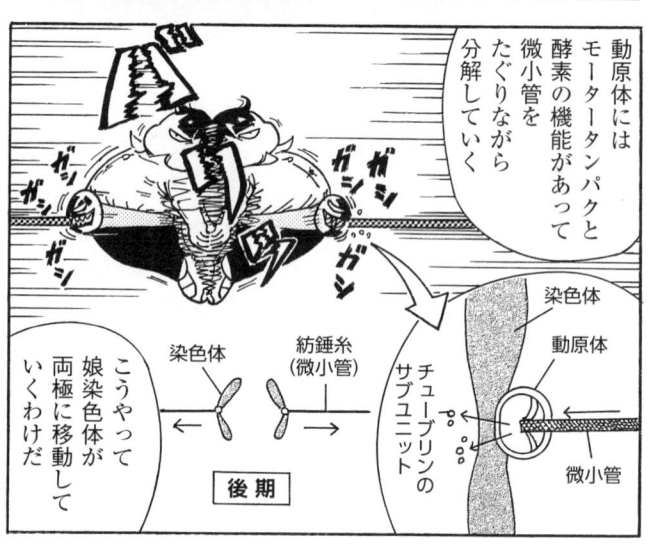

それじゃどうやって
染色体が両極に
移動していくんだよ
さて
それは
いかにして!?
動原体の機能が
発動するのだ
ジャキーン
動原体には
モータータンパクと
酵素の機能があって
微小管を
たぐりながら
分解していく
ガシ
ガシ
染色体
動原体
微小管
チューブリンのサブユニット
紡錘糸
(微小管)
染色体
後期
こうやって
娘染色体が
両極に移動して
いくわけだ

両極に移動してきた染色体は
てめこのやろ
再生された核膜に包まれ娘核の中で分散状態に戻る
終期
動原体が微小管を食べてるってどうやってわかったですか？
いいかげんにしなさい
失礼しやした－
それは分裂細胞の紡錘体を蛍光色素で染める実験をしてね
そしてレーザーで星状体と染色体の間に光らない部分を作ったの
すると光る部分の長さは染色体側だけ短くなった
星状体が引くのでも紡錘糸全体が縮むのでもなく動原体のところで短縮していると考えられるわけ
おー
動く原因たいどげんかせんといかん

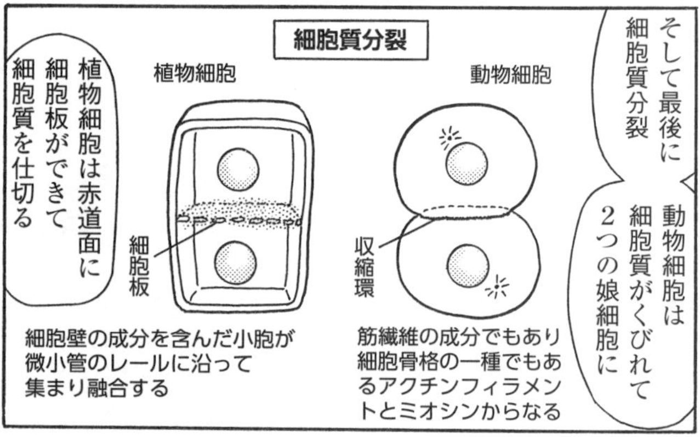
そして最後に細胞質分裂
動物細胞は細胞質がくびれて2つの娘細胞に
細胞質分裂
動物細胞
植物細胞
収縮環
細胞板
筋繊維の成分でもあり細胞骨格の一種でもあるアクチンフィラメントとミオシンからなる
細胞壁の成分を含んだ小胞が微小管のレールに沿って集まり融合する
植物細胞は赤道面に細胞板ができて細胞質を仕切る

細胞板になる小胞ってどこにあったんですか?
?
ゴルジ体が作るのよ
植物細胞のゴルジ体は光学顕微鏡で見えないくらい小さいのにがんばるのね

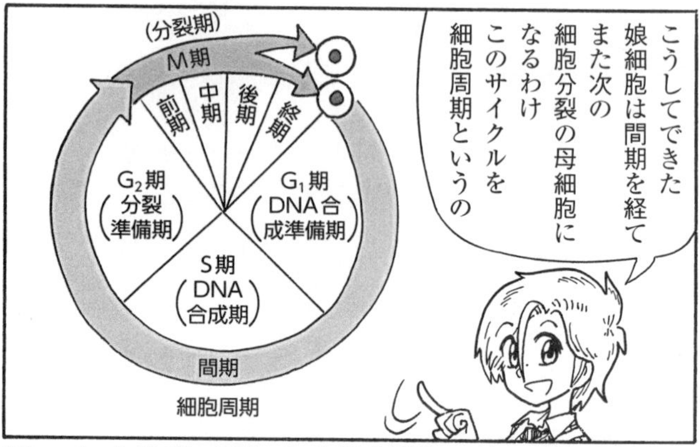
こうしてできた娘細胞は間期を経てまた次の細胞分裂の母細胞になるわけ
このサイクルを細胞周期というの
(分裂期)
M期
前期
中期
後期
終期
G_1期 (DNA合成準備期)
S期 (DNA合成期)
G_2期 (分裂準備期)
間期
細胞周期

Sはsynthesis(合成)、Mはmitosis(有糸分裂)、Gはgap(間)の頭文字

特定の働きや構造を持たず細胞分裂を繰り返す細胞が特定の種類の細胞になることを分化というの
CELL CYCLE
S
G1
G2
M
幹細胞
分化
somebody
nobody
一度分化した細胞は再び分裂して増えることは基本的にできないの
はい
なるほど！
先生！「不倫は分化」ってこういうことだったんですね！
言ってねえよ！
家族の輪から外れたらもう戻れないみたいな
うまいこと言ったつもりか
今日はこれでおしまいね

Lesson6 ▸▸▸ 組織と器官

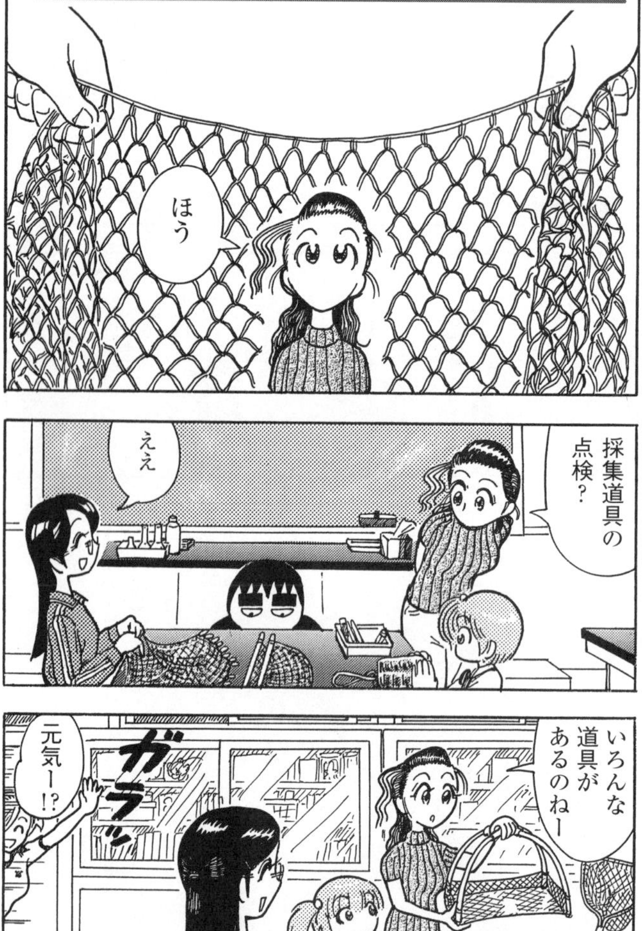
ほう
採集道具の点検？
ええ
いろんな道具があるのねー
ガラッ
元気ー!?

今日の球技大会大活躍ね！
優勝おめでとう！
あ　どうしたのその頭？
ちょっと…
菊樹
先生　菊樹さんすごかったんですよ！
クラス対抗ソフトボールのピッチャーで男子からもバッタバッタ三振をとって

女子が投手だといいルールだったし
ふつうストライクとるのも大変よ
つーか部長フォーム変じゃね?
るさいっ
そこがすごいんじゃない
そのケガだって決勝戦の最終回同点の場面で打者は野球部レギュラーで
渾身の速球を打ち返されて
体勢崩して頭から落ちてすり傷を
ちゃんとキャッチしてアウトにしたもの!
力士か
あの体勢で手をついてたらケガしてたのよきっと

そしてその裏ヒットを打って出塁サヨナラのホームを踏んだんですよ
投打に大活躍！
すごーい
スライディングで膝とすねすりむいた……
いてて
ハイハイ本編に関係ないエピソード延々とありがとうございました
パチパチ
おやなんですかな？関係ないことないと？
さすればこの傷あたり今回のテーマですかな
めくり
こら！変態森野!!そんなに見たきゃ見なさいよほら！
わ〜ん！
部長のここグチョグチョで真っ赤でグロい〜

おい
何やってんだ!?
えーと皮膚の傷な
表皮の細胞は
幹細胞が分裂して
毎日新しい細胞が
供給されて
約4週間で入れ替わる
28日後脱落
約14日
約14日
新しい細胞
幹細胞
角質層
表皮
基底層
細胞分裂
基底膜
つまり基底層の
幹細胞が無事なら
表皮が傷ついても
ちゃんと治ると
いうわけだ
脱落
死細胞
(角質)
分化
幹細胞
細胞周期
G_1
S
G_2
分裂期
他の細胞も
こんなふうに
作られている
じゃ私は
このへんで

単細胞生物は
生きるための機能を
1個の細胞で
すべて果たせるよう
できている

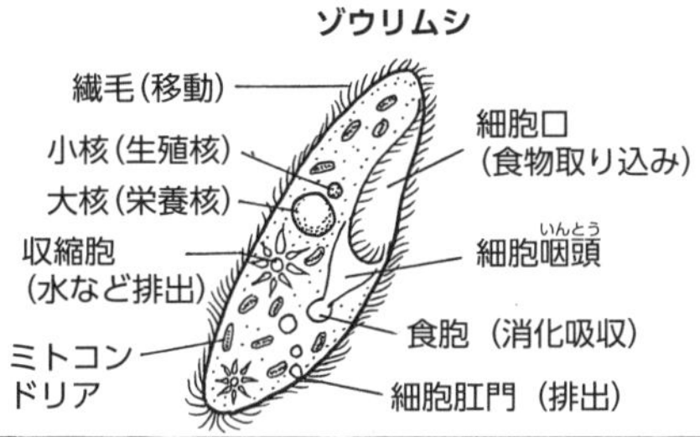
ゾウリムシ
繊毛（移動）
小核（生殖核）
大核（栄養核）
収縮胞
（水など排出）
ミトコンドリア
細胞口
（食物取り込み）
細胞咽頭《いんとう》
食胞（消化吸収）
細胞肛門（排出）

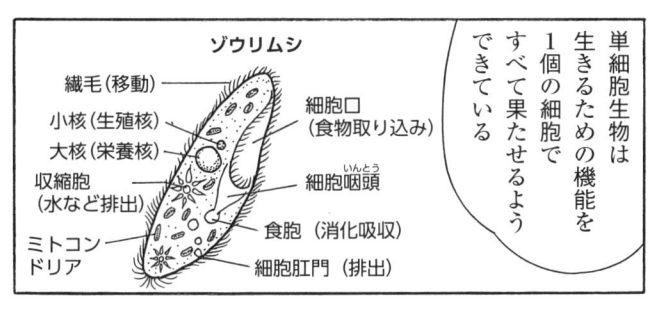

単細胞生物が
多数集まって
一個体のように
行動する細胞群体を
形成するようになると
機能を分担する
ようになる

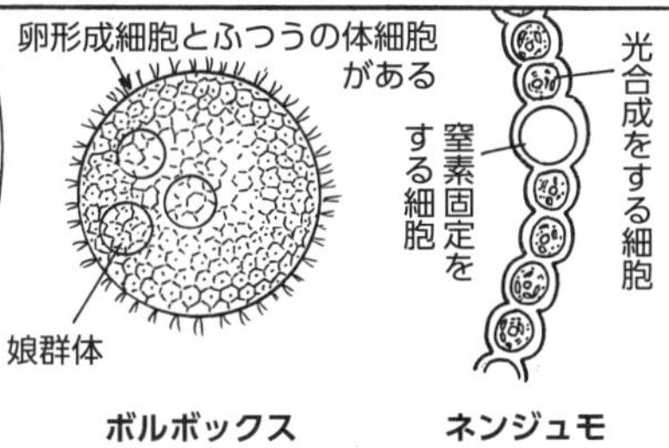
卵形成細胞とふつうの体細胞
がある
娘群体
ボルボックス
光合成をする細胞
窒素固定を
する細胞
ネンジュモ

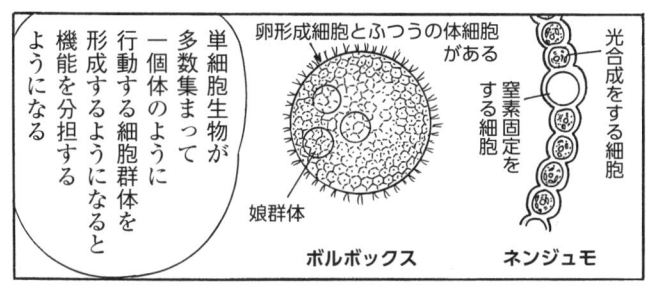

さらに多細胞生物では
さまざまな形や機能に
分化した細胞たちが
階層的な構造を
作っている

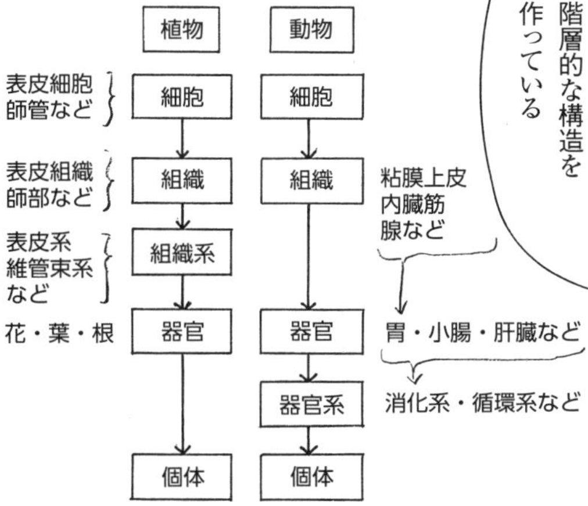
植物
動物
表皮細胞
師管など
細胞
細胞
表皮組織
師部など
組織
組織
粘膜上皮
内臓筋
腺など
表皮系
維管束系
など
組織系
花・葉・根
器官
器官
胃・小腸・肝臓など
器官系
消化系・循環系など
個体
個体

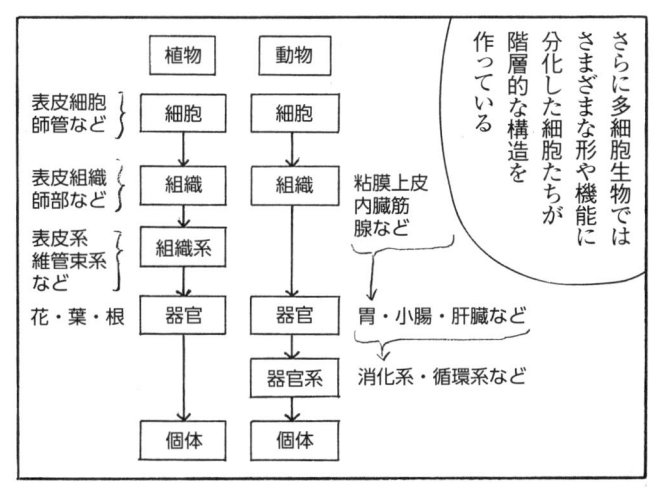

植物はあまり興味ないから動物について説明すると組織は次の４種類に分けられる
いいのかそれで
動物の組織
上皮組織
筋組織
神経組織
結合組織

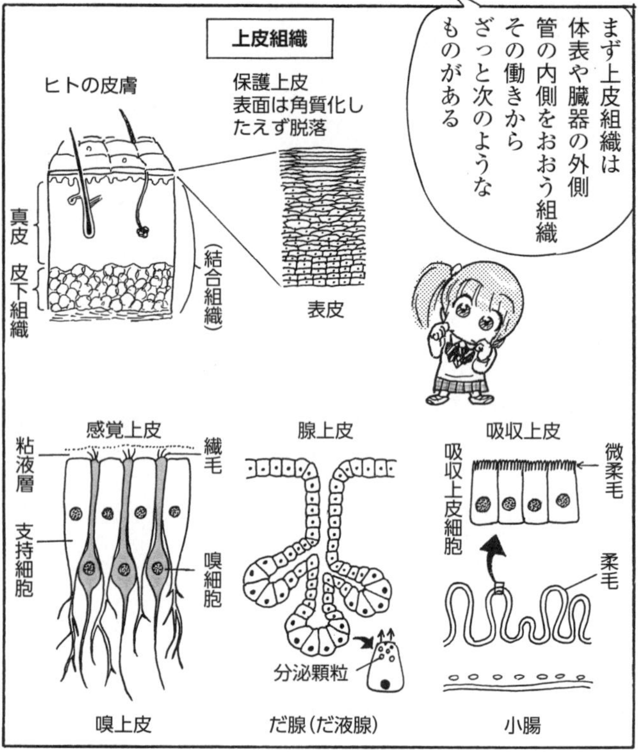
まず上皮組織は体表や臓器の外側管の内側をおおう組織その働きからざっと次のようなものがある
上皮組織
ヒトの皮膚
真皮
皮下組織
（結合組織）
保護上皮
表面は角質化したえず脱落
表皮
感覚上皮
粘液層
繊毛
支持細胞
嗅細胞
嗅上皮
腺上皮
分泌顆粒
だ腺（だ液腺）
吸収上皮
吸収上皮細胞
微柔毛
柔毛
小腸

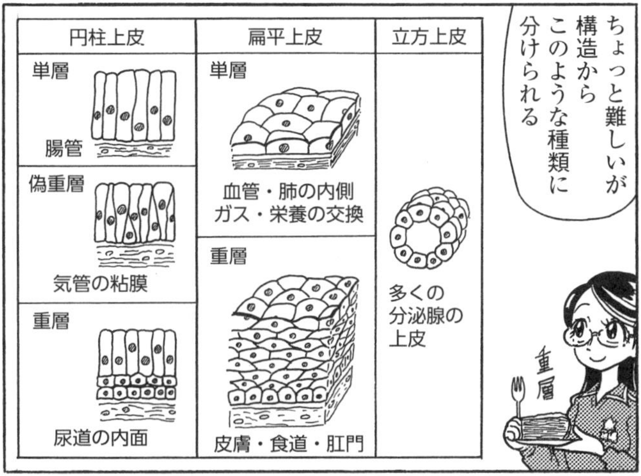
ちょっと難しいが
構造から
このような種類に
分けられる
重層
円柱上皮
単層
腸管
偽重層
気管の粘膜
重層
尿道の内面
扁平上皮
単層
血管・肺の内側
ガス・栄養の交換
重層
皮膚・食道・肛門
立方上皮
多くの
分泌腺の
上皮

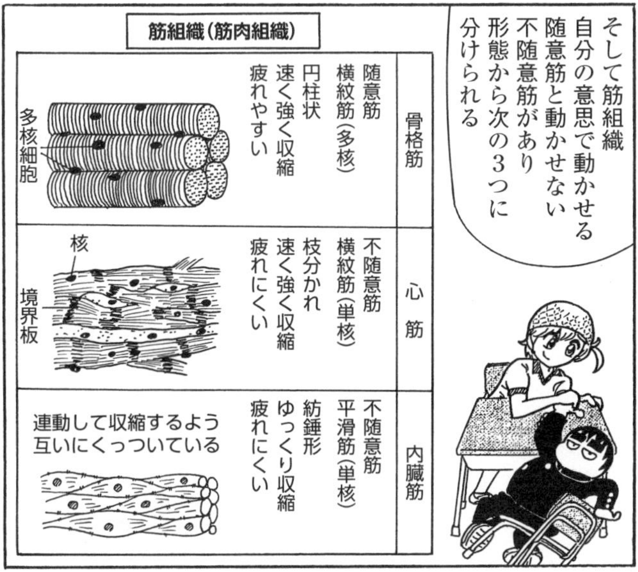
そして筋組織
自分の意思で動かせる
随意筋と動かせない
不随意筋があり
形態から次の3つに
分けられる
筋組織（筋肉組織）
骨格筋
随意筋
横紋筋（多核）
円柱状
速く強く収縮
疲れやすい
多核細胞
心筋
不随意筋
横紋筋（単核）
枝分かれ
速く強く収縮
疲れにくい
核
境界板
内臓筋
不随意筋
平滑筋（単核）
紡錘形
ゆっくり収縮
疲れにくい
連動して収縮するよう
互いにくっついている

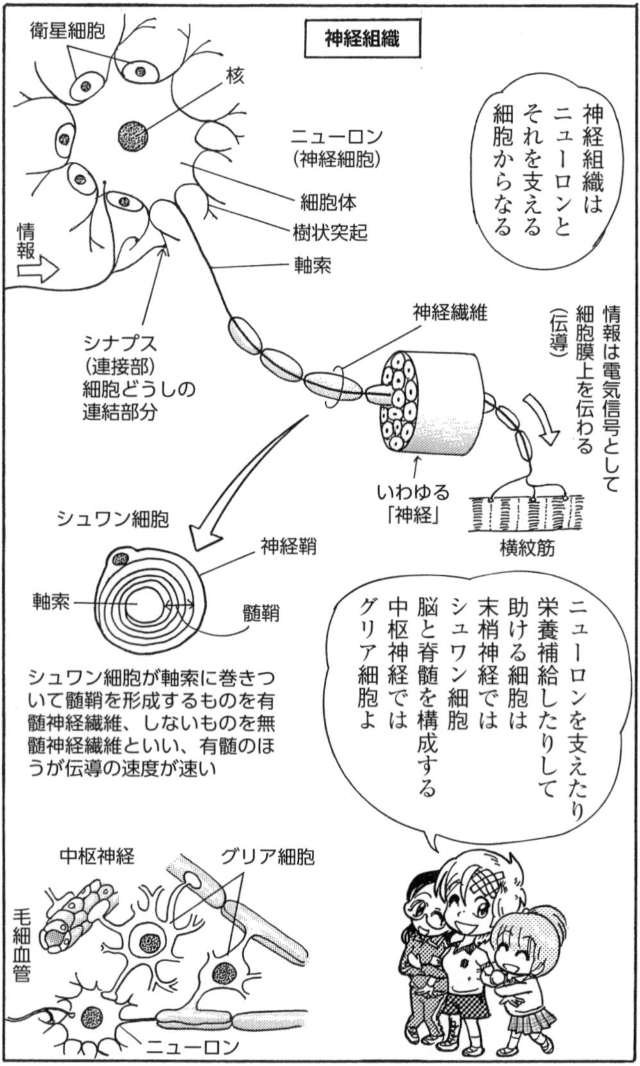

神経組織
衛星細胞
核
ニューロン
（神経細胞）
細胞体
樹状突起
軸索
情報
シナプス
（連接部）
細胞どうしの
連結部分
神経組織はニューロンとそれを支える細胞からなる
神経繊維
情報は電気信号として細胞膜上を伝わる（伝導）
いわゆる
「神経」
横紋筋
シュワン細胞
神経鞘
軸索
髄鞘
シュワン細胞が軸索に巻きついて髄鞘を形成するものを有髄神経繊維、しないものを無髄神経繊維といい、有髄のほうが伝導の速度が速い
ニューロンを支えたり栄養補給したりして助ける細胞は末梢神経ではシュワン細胞 脳と脊髄を構成する中枢神経ではグリア細胞よ
中枢神経
グリア細胞
毛細血管
ニューロン

上皮組織
筋組織
神経組織
この3つ以外の
組織が結合組織
他の組織の
すき間を埋める
組織だ
心のスキマ
お埋めします
結合組織は
細胞どうしが
ちらばっていて
すき間を細胞間物質が
埋めているという
特徴があるの
表皮（上皮組織）
真皮
脂肪組織
筋組織
神経組織
軟骨組織
骨組織
血液
血液も
結合組織の
ひとつなのよ
この細胞間物質の
代表選手が
タンパク質の一種
コラーゲン
どんな物質
だと思う？
う〜〜ん

コラーゲンエキスでお肌ぷるぷる
ぷるぷるのゼリーみたいなタンパク質ですか？
半分だけ当たりね
コラーゲンはゼラチンの原料だし軟骨みたいにゲル状でも存在するけど水に溶けない繊維状のタンパク質なの
膠原《こうげん》繊維＝コラーゲン
繊維状結合組織
繊維芽細胞
コラーゲン繊維とコンドロイチン硫酸とヒアルロン酸などと水
軟骨細胞
軟骨組織
コラーゲンは体内のタンパク質の$\frac{1}{3}$を占めるのよ
コラーゲン繊維にリン酸カルシウムが沈着(石灰化)
骨細胞
骨組織

じゃあコラーゲンは体を丈夫にする物質なんですね
革製のベルトやバッグとかは引っ張りや曲げ伸ばしにすごく強いでしょ
俺のいつの間に
そんなコラーゲンも熱するとゼラチンになるんですよすじ肉を煮込むとぷるぷるになったりお肉や魚の煮汁を冷ますとゼリー状になるでしょ
膠原繊維の「膠」という字は「にかわ」といって動物の皮や骨からとったゼラチンを画材や接着剤にしたものなんですよ
おーなんだかにわかに難しくなってきたゾ
じゃあ革靴やベルトは煮たら食えるのか?
革製品は「なめす」といってゼラチン化しない物質に変性させてあるのだから伸縮しないでしょ

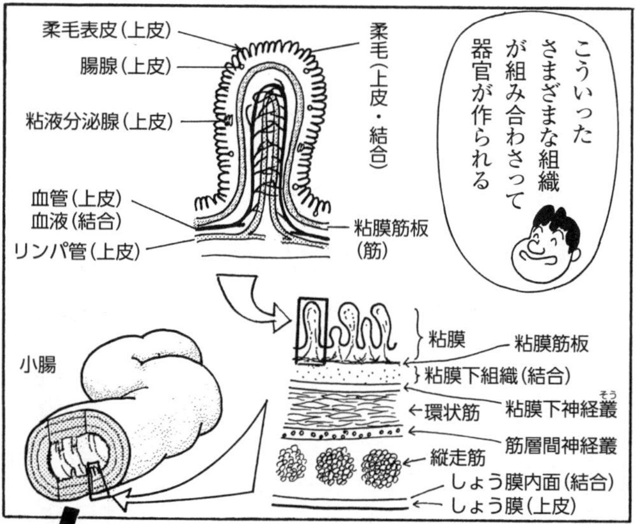
こういった
さまざまな組織
が組み合わさって
器官が作られる
柔毛表皮(上皮)
腸腺(上皮)
粘液分泌腺(上皮)
血管(上皮)
血液(結合)
リンパ管(上皮)
柔毛(上皮・結合)
粘膜筋板(筋)
小腸
粘膜
粘膜筋板
粘膜下組織(結合)
粘膜下神経叢
環状筋
筋層間神経叢
縦走筋
しょう膜内面(結合)
しょう膜(上皮)

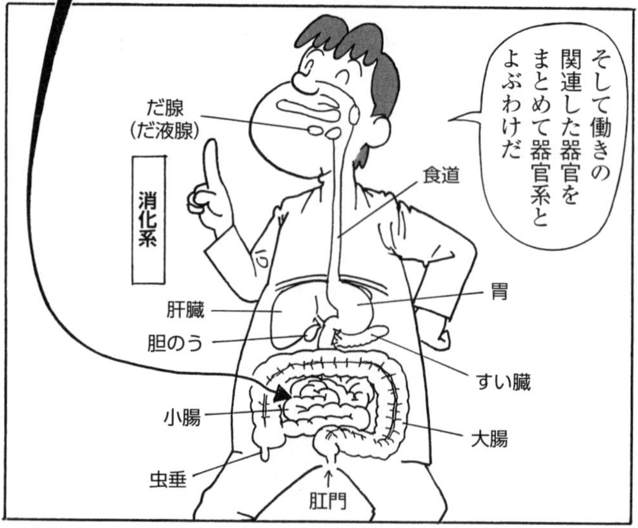
そして働きの
関連した器官を
まとめて器官系と
よぶわけだ
消化系
だ腺
(だ液腺)
食道
胃
肝臓
胆のう
すい臓
小腸
大腸
虫垂
肛門

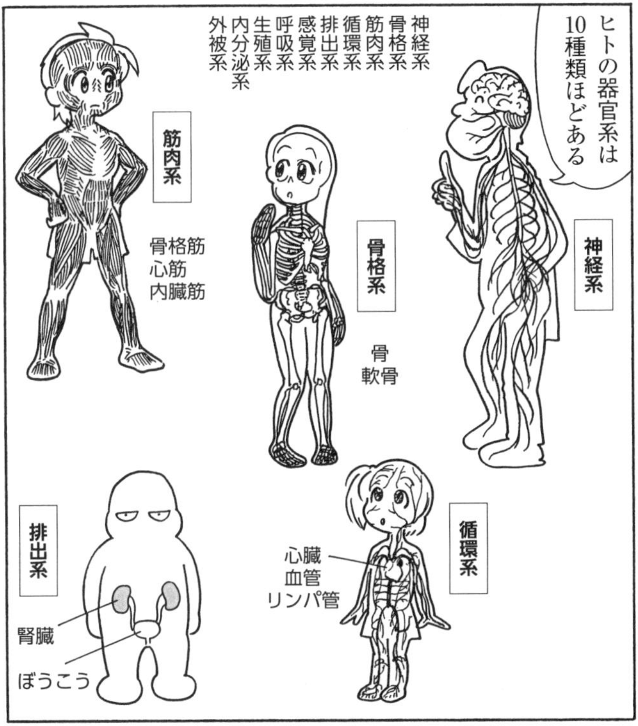
ヒトの器官系は10種類ほどある
神経系
骨格系
筋肉系
循環系
排出系
感覚系
呼吸系
生殖系
内分泌系
外被系
神経系
骨格系
骨
軟骨
筋肉系
骨格筋
心筋
内臓筋
循環系
心臓
血管
リンパ管
排出系
腎臓
ぼうこう

ではこれで組織と器官について以上ですね
せっかくだから組織の成り立ちをもうちょっとだけやっていこう
だそうです

プラスワンポイント 5 植物の組織と器官

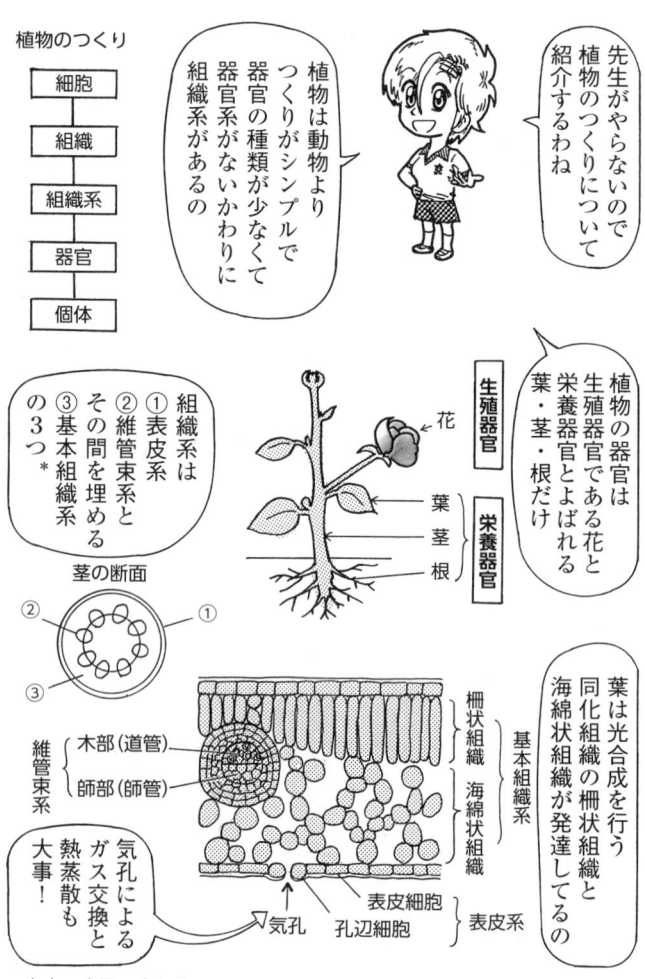

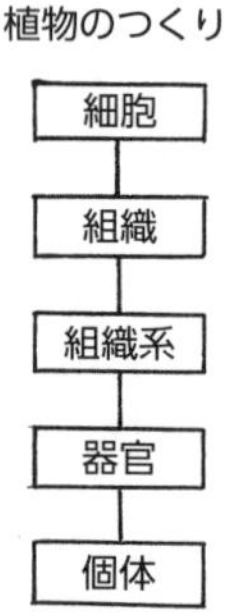
植物のつくり
細胞
組織
組織系
器官
個体

先生がやらないので植物のつくりについて紹介するわね

植物は動物よりつくりがシンプルで器官の種類が少なくて器官系がないかわりに組織系があるの

植物の器官は生殖器官である花と栄養器官とよばれる葉・茎・根だけ

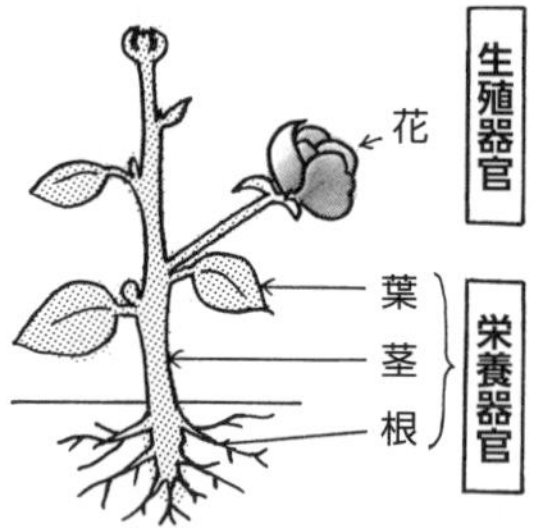
花
生殖器官
葉
茎
根
栄養器官

組織系は①表皮系 ②維管束系と その間を埋める ③基本組織系 の３つ＊

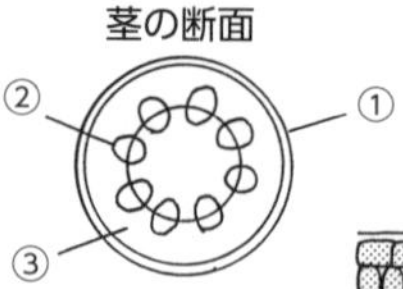
茎の断面
①
②
③

葉は光合成を行う同化組織の柵状組織と海綿状組織が発達してるの

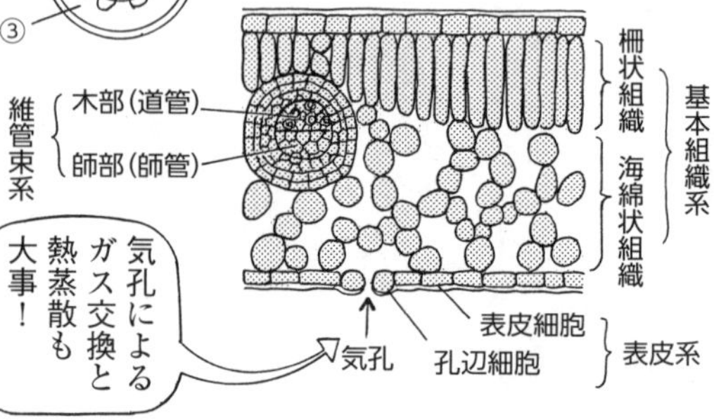
柵状組織
海綿状組織
基本組織系
維管束系
木部（道管）
師部（師管）
気孔
表皮細胞
孔辺細胞
表皮系

気孔によるガス交換と熱蒸散も大事！

＊表皮・皮層・中心柱の３つに分けることもある

茎は植物体を支える器官で物質を運ぶ維管束系が発達してるの
〈茎の断面〉
単子葉類
双子葉類
表皮
師部
木部
内皮
形成層
木部
師部
植物は分化した組織のほかに未分化の分裂組織（葉と根の先端で伸長成長に働く頂端分裂組織と木の肥大成長に働く形成層）が大事
師管
生細胞の師管が栄養分を運ぶ
道管
死細胞である道管が水を通す
木の細胞は分裂を続ける形成層の近くが一番若い
木は表面が古くて中が成長するからひびが入るですね
古い木は中が朽ちて穴(うろ)が空いたりしますね
根も植物体を支え水や無機塩類を吸収する構造が発達してるわね
〈根の断面〉
双子葉類
師部
木部
根端分裂組織（成長点）
表皮
皮層
内皮
根毛
根冠
花のつくりと働きは生殖の回でやるね

その続きですけど何をやるんですか？
うむ　ここまで学習してきた組織はつねに新しい細胞が補充され入れ替わることで維持されている
幹細胞が細胞周期をくり返し新しい細胞が分化して組織を作るんですね
さっきの28日で皮ふ表皮細胞が入れ替わる話とか
そうほかにも…
小腸の吸収上皮細胞は腸壁のくぼみ(腸腺窩)の底にある幹細胞から作られる
輪状ひだ
柔毛
腸腺窩
柔毛(繊維)
脱落
成熟細胞
増殖細胞(11時間)
幹細胞
分化した細胞は柔毛の先端に移動していき3～4日で脱落する
脱落早っ！

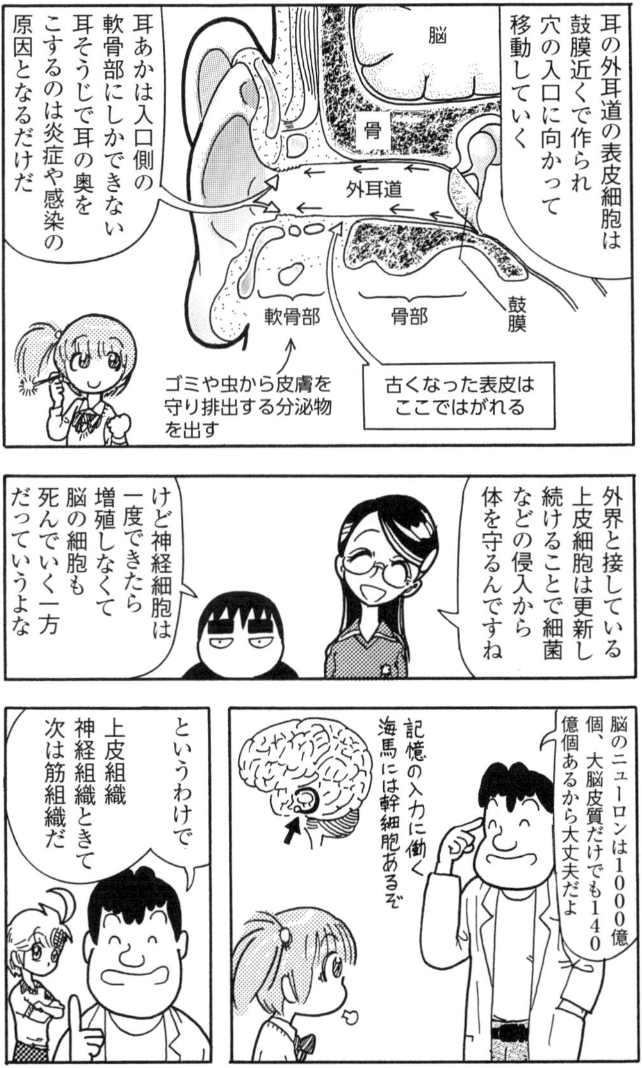
耳の外耳道の表皮細胞は鼓膜近くで作られ穴の入口に向かって移動していく
脳
骨
外耳道
軟骨部
骨部
鼓膜
古くなった表皮はここではがれる
ゴミや虫から皮膚を守り排出する分泌物を出す
耳あかは入口側の軟骨部にしかできない耳そうじで耳の奥をこするのは炎症や感染の原因となるだけだ
外界と接している上皮細胞は更新し続けることで細菌などの侵入から体を守るんですね
けど神経細胞は一度できたら増殖しなくて脳の細胞も死んでいく一方だっていうよな
脳のニューロンは１０００億個、大脳皮質だけでも１４０億個あるから大丈夫だよ
記憶の入力に働く海馬には幹細胞あるぞ
というわけで上皮組織神経組織ときて次は筋組織だ

筋肉は鍛えると太くなりますから幹細胞があるってことですよね
筋繊維（筋細胞）の衛星細胞として存在しているわね
筋原繊維
核
筋繊維（筋細胞）
筋組織
基底膜
細胞膜
衛星細胞
疲労による破壊が起こると増殖融合して筋繊維となる
筋繊維の束
骨格筋
筋膜
腱
そしてこれは この穴ぼこは骨組織の断面 何だ？ 菊樹
ハバース管ですね
ほ 骨を軽くするため…？
いい答えだがそれはほとんど影響ないここは血管が通り酸素や栄養が通う菜村 どう思う？
え？！
ダイタイやね
大腿骨
皮質骨（骨の重さの8割）
海綿骨（すき間に骨髄）
では沢崎 これは何のためにあると思う？
え！？
骨だけにカルシウムを摂りましょう……
なんじゃそりゃ

いい線いってるぞ ハバース管では破骨細胞が骨を溶かし吸収しているんだ
破骨細胞
骨うめー
数十個の細胞が融合して生まれ巨大で多核
塩素・酵素
カルシウム・分解コラーゲン
骨を作る細胞(骨芽細胞)もいる
骨芽細胞は大量のコラーゲン繊維を出してそのすき間を有機質で埋める
ここまでは軟骨と同じ
そこにカルシウム塩を沈着させて(石灰化)骨質ができる
骨芽細胞は自分で作った骨質に埋まり骨細胞となる
つまりハバース管では破骨細胞が骨を削り
カルシウムを血管へ
血液からカルシウムを取り出す
骨芽細胞が新たな骨を作り
Ca
Ca
Ca
骨芽細胞は骨細胞となりまわりで骨質をなす
血管
というように骨も破壊と再生をくり返してるわけだ

なぜわざわざそんなことするんですか？
Ca
Ca
Ca
Ca
骨にはカルシウムの貯蔵庫としての役目があるからなカルシウムの血中濃度が不足すると全身の細胞が正常に働かなくなる
それと骨質はやがてカルシウムの沈着が進み硬くなるんだが
コラーゲンが劣化してもろくもなるんだ
子供の骨は軟骨に近く曲がりやすいが割れにくい
血管
我々骨細胞もカルシウムの中に埋まりっぱなしだとだんだん衰えて死んでしまうっす
基本的には人体はカルシウムなんて金属をため込みたくはないんだろうな
入院などで体を動かせないと筋肉や骨がやせるといいますね
UNITE
STATES
昔の宇宙飛行士は4日間無重量で過ごしただけで骨のカルシウムが1割も減少したそうよ
ふむー

で　長々続いた骨の話だが
そんなに大事か？テストに出るか？
テストにはそんなに出ないなー
俺の趣味だ
さよか
なんだよ
難しかったけど細胞さんがいろいろがんばってる話面白かったです
よっしゃ
いいねいいねー　さすが期待の新人　これ食いねえ
！
先輩組もどうだ
こんな高カロリーのもの食ったら脂肪組織にたまっていくわけだな
え…

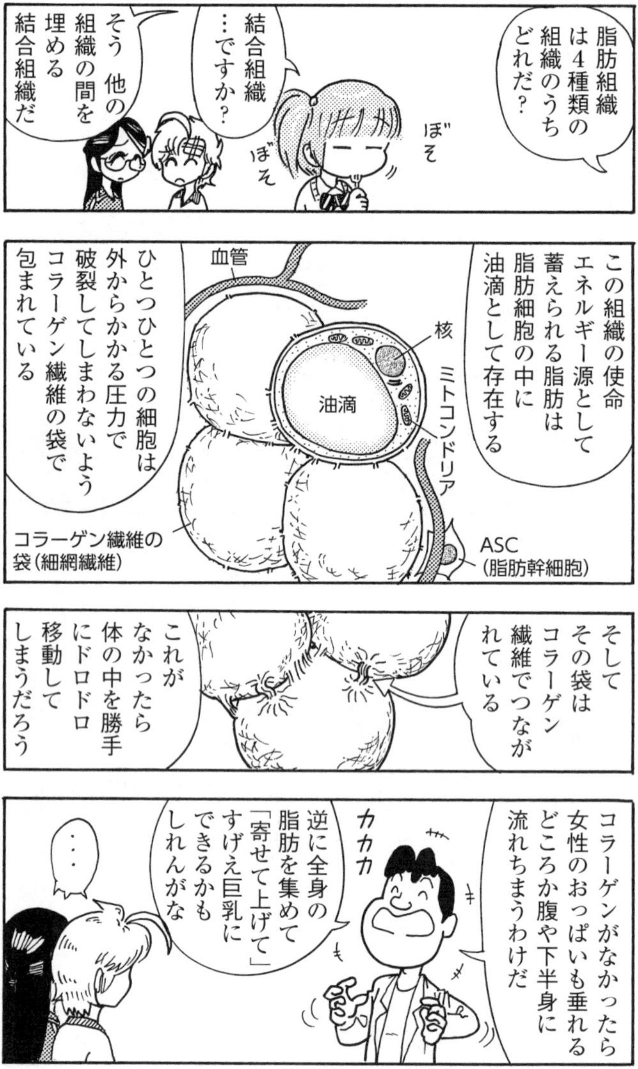
脂肪組織は4種類の組織のうちどれだ？
ぼそ
ぼそ
結合組織…ですか？
そう 他の組織の間を埋める結合組織だ
この組織の使命 エネルギー源として蓄えられる脂肪は脂肪細胞の中に油滴として存在する
血管
核
油滴
ミトコンドリア
ASC
（脂肪幹細胞）
ひとつひとつの細胞は外からかかる圧力で破裂してしまわないようコラーゲン繊維の袋で包まれている
コラーゲン繊維の袋（細網繊維）
そしてその袋はコラーゲン繊維でつながれている
これがなかったら体の中を勝手にドロドロ移動してしまうだろう
コラーゲンがなかったら女性のおっぱいも垂れるどころか腹や下半身に流れちまうわけだ
カカカ
逆に全身の脂肪を集めて「寄せて上げて」すげえ巨乳にできるかもしれんがな
・・・

脂肪をため込む脂肪細胞は成人で約３００億個
300億
37兆
この数は基本的にやせている人もデブも同じだ
ではデブと普通の人とどこが違うかというと…
こらこらこらこら
デブデブ言うな気ぃ悪いな
おうすまんな
森野のような肥満者の場合脂肪細胞の直径が通常の約20倍まで巨大化するという
俺の名前はいらんだろが
さらにこの細胞は胎児期・乳児期・思春期に幹細胞が分裂して増えていくんだがこの時期にカロリーを摂り過ぎると脂肪細胞の数も増える
……と
あおまえら別に太ってないから！
変にダイエットとかするなよ
そもそも思春期過ぎてるよなお前ら
それはどうも…

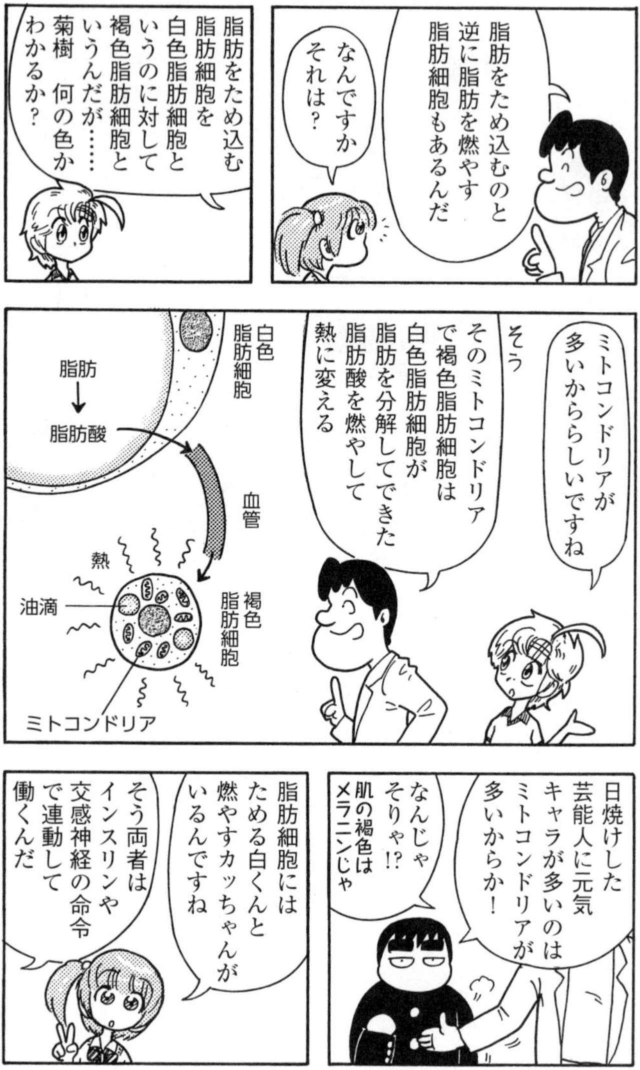
脂肪をため込むのと逆に脂肪を燃やす脂肪細胞もあるんだ
なんですかそれは？
脂肪をため込む脂肪細胞を白色脂肪細胞というのに対して褐色脂肪細胞というんだが……菊樹　何の色かわかるか？
ミトコンドリアが多いからしいですね
そう
そのミトコンドリアで褐色脂肪細胞は白色脂肪細胞が脂肪を分解してできた脂肪酸を燃やして熱に変える
白色脂肪細胞
脂肪
脂肪酸
血管
熱
油滴
褐色脂肪細胞
ミトコンドリア
日焼けした芸能人に元気キャラが多いのはミトコンドリアが多いからか！
なんじゃそりゃ!?肌の褐色はメラニンじゃ
脂肪細胞にはためる白くんと燃やすカッちゃんがいるんですね
そう両者はインスリンや交感神経の命令で連動して働くんだ

カッちゃんは首筋や肩甲骨のまわりなどに分布している
そのほか
腎臓周辺
心臓周辺
わきの下
そういや汗かくときそのへんからまずヌルヌルするな
はいはい
※個人の感想です
オイ別にボケてないぞ
カッちゃんが脂肪を燃やして体温が高く維持されたら基礎代謝も上がるし免疫力もアップする
くど くど くど
今日も勉強頑張っているね
動物たちかわいかった♡
あ 菱岡先生ご一緒しませんか？
帰りも
ありがとうおかまいなく
なー俺年中全身が熱いし全身カッちゃんなんじゃないか？
何をいうかカッちゃんは1人40～50gしかないんじゃ
脂肪に熱がこもってるだけだろ
むにゅ

あーあ
しかし今の感触 異様にやわらかかったな
まさか脂肪を「寄せて上げて」してるのか？
なんて
俺はこっちだ
木原先生〜〜
私 一応女子なんですけど……
あ いや その
そんなん触っても別にうれしくないし
いや立派なバストで あ いや
ミス ミス 不可抗力
つか ごめん！ ごめん!!

あら
採集道具増えてる？
何に使うの？これ
クマでも狩るの？
悪い虫を駆除するためです
すでにボロボロ…
学習しろよ

Lesson7 ▸▸▸ 生殖

赤ちゃんって
どんなふうにして できるのか 教えてください
ええええ…？ な 何だ？
そりゃ おしべと めしべが だな…
具体的に 何言って ほしいの かな？？
いいのか？ いいのか？
性教育的な 話なら中学の 保健の授業で 習ってますよ

生物の生殖方法にどんなのがあるか知りたかったのよね
はいです
なんだよそれ…
100％誤解するだろ
ていうかお前は何をしたかったんだ
私たちヒトは母親が赤ちゃんを産む胎生だけどもとは受精卵から始まるよね
はい
卵と精子みたいに2つの生殖細胞（配偶子）が合体して新個体ができる生殖方法を有性生殖というけど
武藤ピンチピンチ！
性と関係なく親の体から子ができる生殖もあって無性生殖というの
たとえばどんなですか？
ムセーセイショク
無性生殖には大きく分けて次の４つがあるの
●分裂 ●出芽
●栄養生殖
●胞子生殖

まず「分裂」は文字通り個体が2つ以上に分裂し増えるやり方
アメーバ
ゾウリムシ
ミドリムシ
ふむ　つまり単細胞生物の増え方というわけですな
ずい
それはちょっと違うわね
多細胞でも分裂で増える生物はけっこういるのよ
イソギンチャク
地味に動けます
クラゲ（ストロビラ）
多分裂！
（エフィラ）
（成体）
あ！
何？　すず

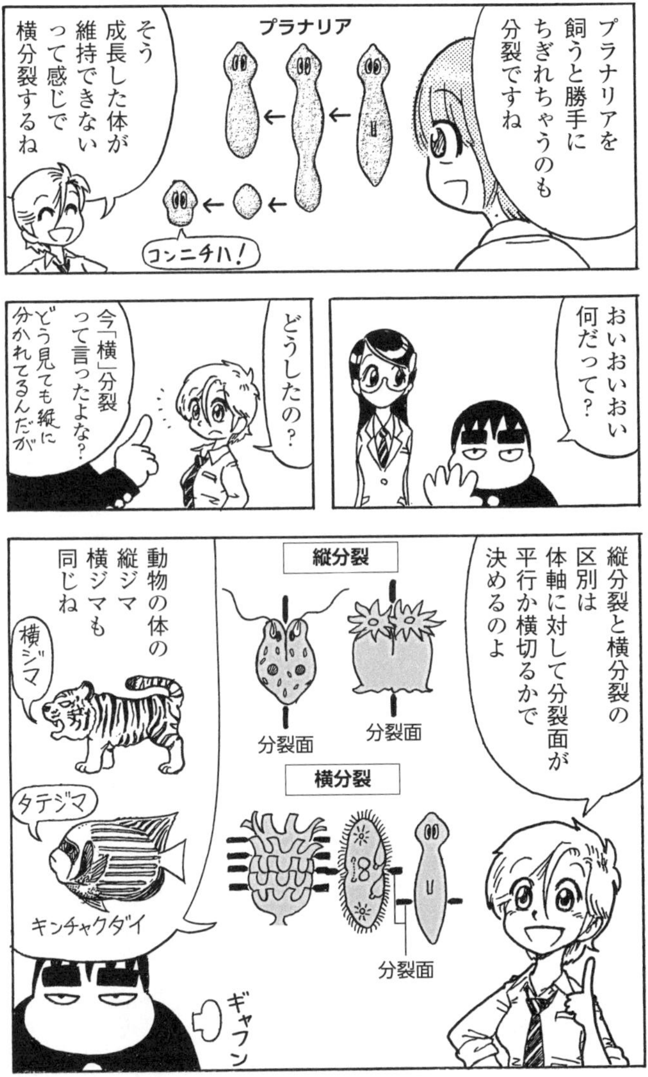
プラナリアを飼うと勝手にちぎれちゃうのも分裂ですね
プラナリア
コンニチハ！
そう成長した体が維持できないって感じで横分裂するね
おいおいおい何だって？
どうしたの？
今「横」分裂って言ったよな？どう見ても縦に分かれてるんだが
縦分裂と横分裂の区別は体軸に対して分裂面が平行か横切るかで決めるのよ
縦分裂
分裂面
分裂面
横分裂
分裂面
動物の体の縦ジマ横ジマも同じね
横ジマ
タテジマ
キンチャクダイ
ギャフン

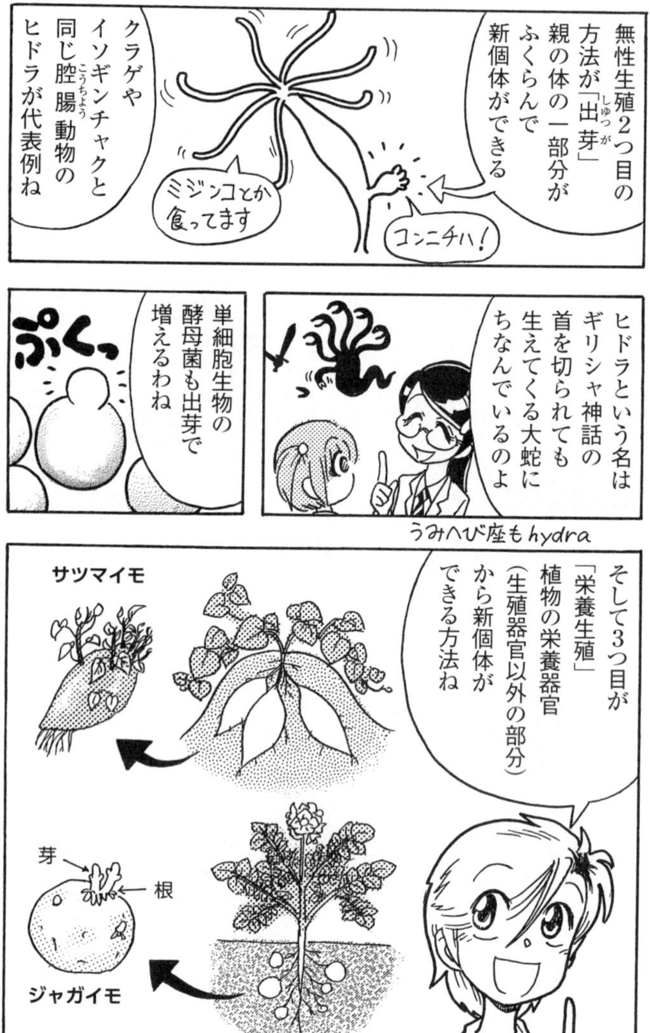
無性生殖2つ目の方法が「出《しゅっ》芽《が》」親の体の一部分がふくらんで新個体ができる
コンニチハ！
ミジンコとか食ってます
クラゲやイソギンチャクと同じ腔腸《こうちょう》動物のヒドラが代表例ね
ヒドラという名はギリシャ神話の首を切られても生えてくる大蛇にちなんでいるのよ
うみへび座もhydra
単細胞生物の酵母菌も出芽で増えるわね
ぷくっ
そして3つ目が「栄養生殖」植物の栄養器官(生殖器官以外の部分)から新個体ができる方法ね
サツマイモ
芽
根
ジャガイモ

サツマイモは根っこが芋でジャガイモは茎ですね
え?!
塊根
塊茎
そうね
あとタマネギやチューリップの「球根」は葉に栄養をたくわえた鱗茎《りんけい》ね
鱗茎
茎
栄養生殖にはほかに葉の付け根などにできる「むかご」
オニユリ
ヤマノイモなど
茎を伸ばした先で芽が根を下ろす「走出枝（ストロン）」があるわね
オランダイチゴ
ユキノシタなど
サツマイモは畑に何を植えて育てるのか知ってる？
そりゃ種芋だろ？
ブッブー
サツマイモは芋から生えた茎を切り取って苗として畑に植えるんですよ
小学校でやりましたねー

植物は種子や球根などじゃなくてもふつうの根や枝など体の一部から全身を再生できるよね
芽を出すし
根をのばすぜい
そこで無性生殖でできた個体をギリシャ語で「小枝」を意味する言葉を使って「クローン」というんですよ
え!? クローンって難しい方法で作るんじゃないんですか!?
!
バイオなんちゃらとか
遺伝的に（つまりDNAが）まったく同じもの同士をクローンというのだから無性生殖でできた個体と親は皆クローンね
はいはいわかったわかったで4つ目の「胞子生殖」は胞子で増えるんだな
まんま
胞子
アオカビ
発芽
胞子は単独で発芽して新個体になる生殖細胞よ

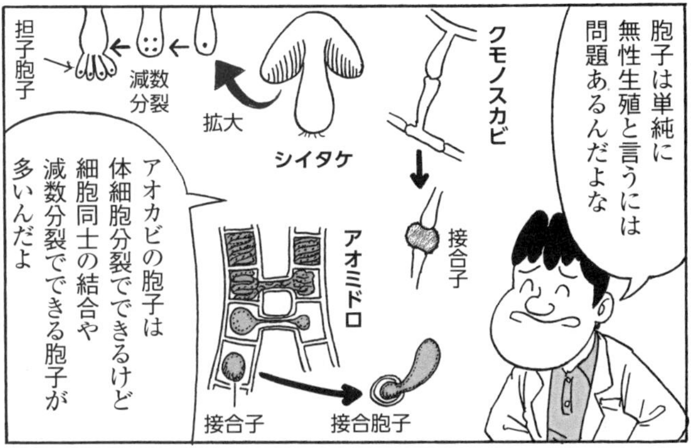
胞子は単純に無性生殖と言うには問題あるんだよな
クモノスカビ
接合子
シイタケ
拡大
減数分裂
担子胞子
アオミドロ
接合子
接合胞子
アオカビの胞子は体細胞分裂でできるけど細胞同士の結合や減数分裂でできる胞子が多いんだよ

減数分裂！レッスン5でも出ましたいったいどんな分裂ですか？
簡単に言うと新しくできる娘細胞の染色体の数が母細胞(2n)の半分(n)になる細胞分裂よ

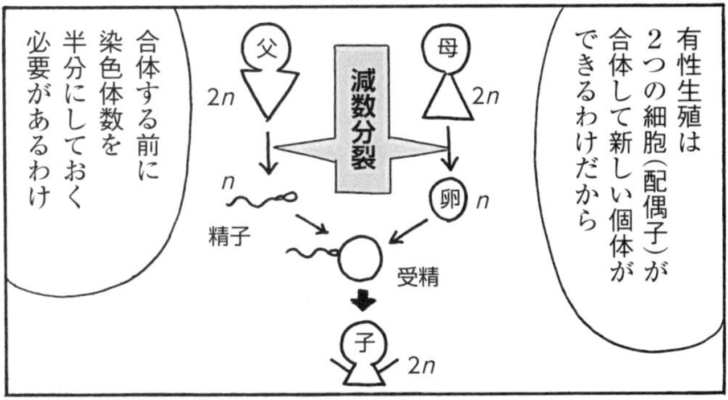
有性生殖は2つの細胞(配偶子)が合体して新しい個体ができるわけだから
母
2n
父
2n
減数分裂
卵
n
n
精子
受精
子
2n
合体する前に染色体数を半分にしておく必要があるわけ

有性生殖は配偶子同士が卵と精子ほど違いがはっきりしない場合も多いのよ
同形接合
同形配偶子
接合子
新個体
クラミドモナス
異形接合
雄性配偶子
雌性配偶子
ミル
受精
精子
小さい
泳ぐ
卵
大きい
動かない
栄養を保持
まー有性生殖ってめんどくさい方法だよな効率悪いっつーか
そりゃ日本も少子化するわ
だから森野は無性生殖で生まれたのよね
そうそう俺が生まれたのは木の股からってオイ!
有性生殖はめんどうで効率悪いではなぜわざわざこんな方法をとるのか? これが重要だ
テストに出るぞ

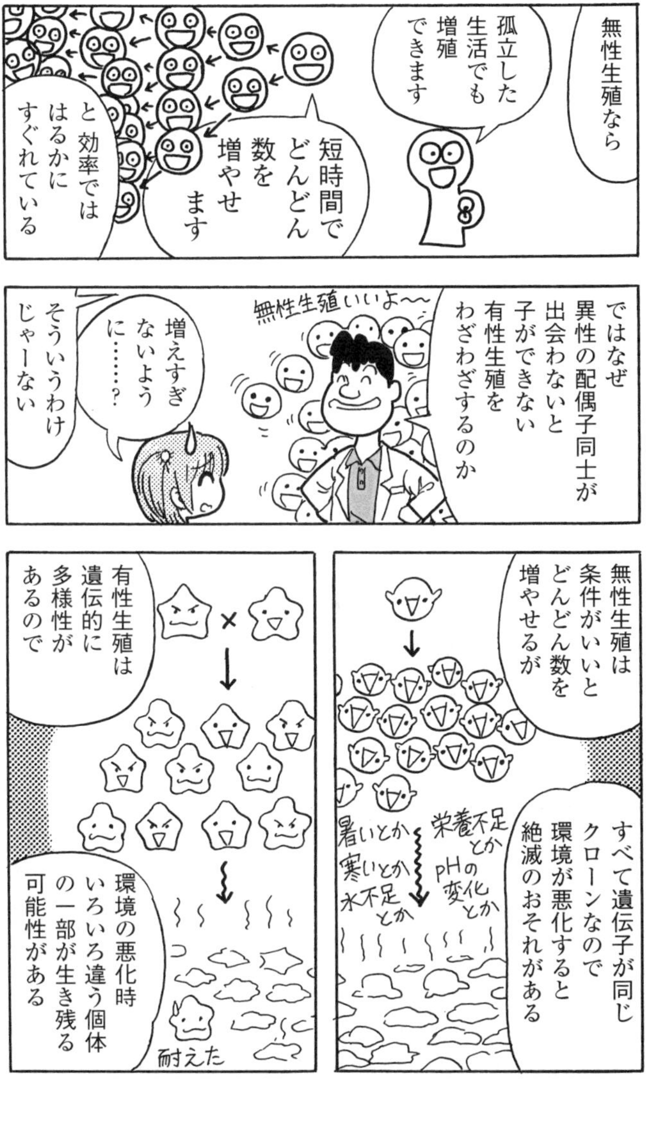
無性生殖なら
孤立した生活でも増殖できます
短時間でどんどん数を増やせます
と効率でははるかにすぐれている
ではなぜ異性の配偶子同士が出会わないと子ができない有性生殖をわざわざするのか
無性生殖いいよ〜〜
増えすぎないように……？
そういうわけじゃーない
無性生殖は条件がいいとどんどん数を増やせるが
すべて遺伝子が同じクローンなので環境が悪化すると絶滅のおそれがある
暑いとか
寒いとか
水不足とか
栄養不足とか
pHの変化とか
有性生殖は遺伝的に多様性があるので
環境の悪化時いろいろ違う個体の一部が生き残る可能性がある
耐えた

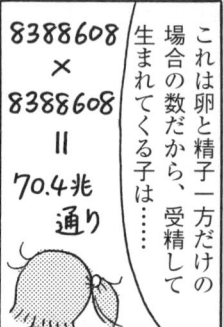

いでんてきたよーせい？
菜村 ヒトの染色体数は何本か覚えてるか？
46本です！
そう 1〜22番とプラス性染色体の計23本を父親と母親から1セットずつ受け継いでいる
配偶子の染色体は23本それぞれ父と母からもらった2本のうち一方をランダムに選んで持っているということだ
ということは染色体の組み合わせは
1番 2番 3番 4番 22番 性染色体
2×2×2×2×…×2×2
$=2^{23}$
=8388608通り
これは卵と精子一方だけの場合の数だから、受精して生まれてくる子は……
8388608 × 8388608 ＝ 70.4兆通り
これは男女1組のペアについてのみだから一生に20人くらい選択肢があってさらに日本国内の適齢期の男女が2000万人ずつとして…

くどいんじゃ
あんな数字どうでもいいからね
はい…
この多様性が生物の進化につながったともいいますね
たしかに
でも結局いいときに一気に増える分裂が最強じゃね？
分裂した新個体には親も子もないんだろ？つまり今いる奴は何億年も死なずに生きてきたってことじゃね？
よく気がついたね！そのとおりよ
サイコーじゃん
けどずっと同じというわけじゃなくて分裂で増える単細胞生物も環境が悪化すると他個体と接合を行って遺伝子をシャッフルしているのよ
$2n$の小核１個が
nの小核２個になり
そのうち１個を交換する

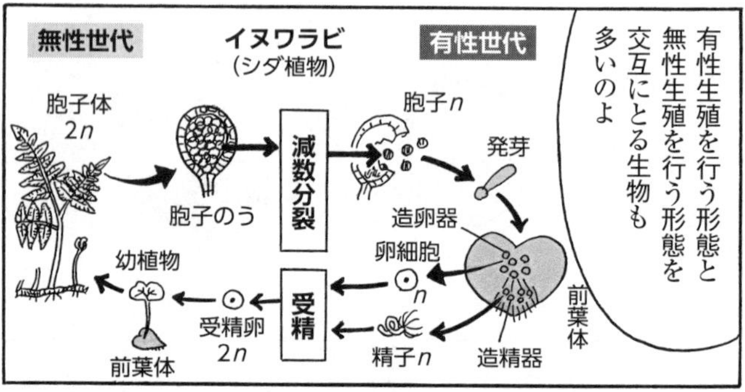
無性世代
イヌワラビ
(シダ植物)
有性世代
胞子体
2n
胞子のう
減数分裂
胞子n
発芽
造卵器
卵細胞
n
前葉体
造精器
精子n
受精
受精卵
2n
幼植物
前葉体
有性生殖を行う形態と無性生殖を行う形態を交互にとる生物も多いのよ

	無性生殖	有性生殖
親	1個体	2個体（自家受精もあり）
種類	分裂　栄養生殖 出芽　胞子生殖	受精　異形接合 同形接合
細胞分裂	体細胞分裂	配偶子をつくる際には減数分裂
遺伝的特徴	新個体は親とまったく等しい（クローン）	新個体は親のDNAを半分ずつ受け継ぐ
遺伝的多様性	まったく均一 多様性なし	同じ個体がないといっていいほど多様性に富む
効率	非常によい	よくはない
環境への適応力	好条件では有利 環境の変化に弱い	環境が悪化したとき絶滅を逃れる可能性が高まる

次は減数分裂と生殖細胞の形成についてやるわね

プラスワンポイント 6 雌雄同体

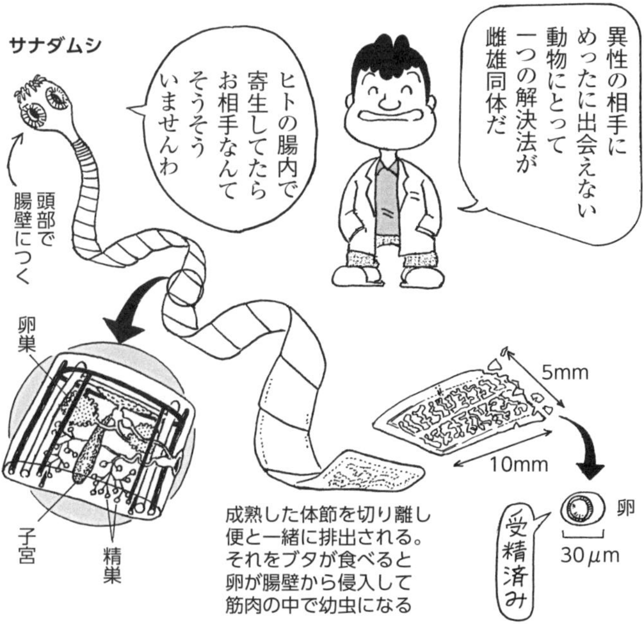
異性の相手にめったに出会えない動物にとって一つの解決法が雌雄同体だ
ヒトの腸内で寄生してたらお相手なんてそうそういませんわ
サナダムシ
頭部で腸壁につく
卵巣
子宮
精巣
5mm
10mm
卵
30μm
受精済み
成熟した体節を切り離し便と一緒に排出される。それをブタが食べると卵が腸壁から侵入して筋肉の中で幼虫になる

けど多くの雌雄同体は子孫を残すのに別個体との交配が必要ね
同種の個体がすべて交配相手になるし自分の子を自分と相手両方が生むすごい方法ですね
カタツムリは精子の入った袋を交換して受精
けどややこしいな

プラスワンポイント 7 単為生殖（単為発生）

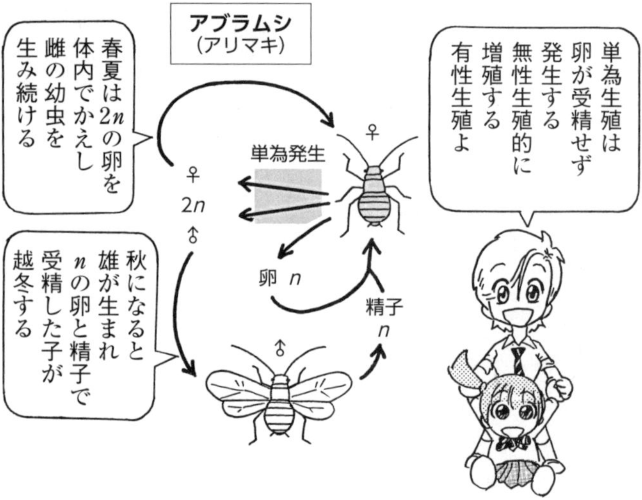
アブラムシ
（アリマキ）
単為生殖は卵が受精せず発生する無性生殖的に増殖する有性生殖よ
春夏は2nの卵を体内でかえし雌の幼虫を生み続ける
♀
単為発生
♀
2n
♂
卵 n
精子
n
♂
秋になると雄が生まれnの卵と精子で受精した子が越冬する

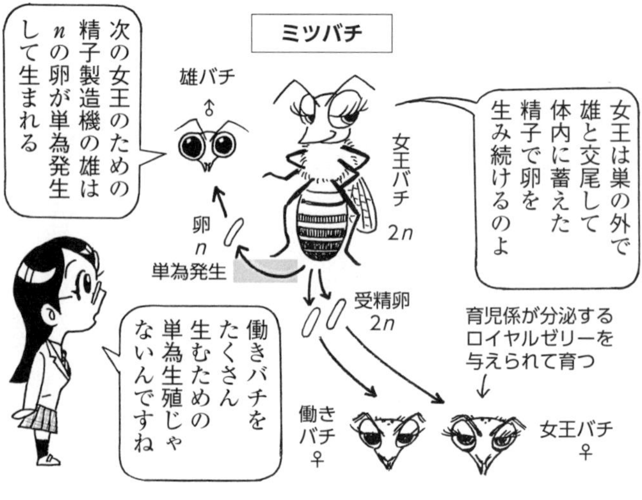
ミツバチ
女王は巣の外で雄と交尾して体内に蓄えた精子で卵を生み続けるのよ
次の女王のための精子製造機の雄はnの卵が単為発生して生まれる
雄バチ
♂
女王バチ
2n
卵
n
単為発生
受精卵
2n
育児係が分泌するロイヤルゼリーを与えられて育つ
働きバチを たくさん生むための単為生殖じゃないんですね
働きバチ
♀
女王バチ
♀

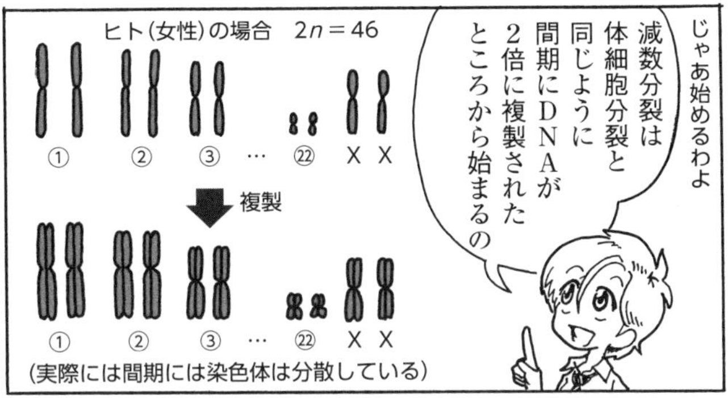
じゃあ始めるわよ
減数分裂は体細胞分裂と同じように間期にDNAが2倍に複製されたところから始まるの
ヒト(女性)の場合　2n＝46
① ② ③ … ㉒ X X
複製
① ② ③ … ㉒ X X
(実際には間期には染色体は分散している)

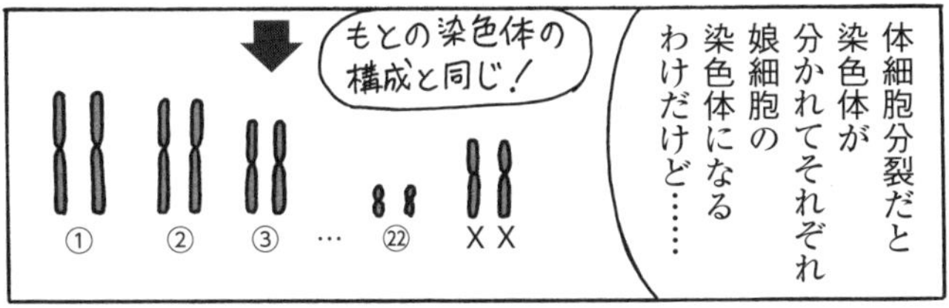
体細胞分裂だと染色体が分かれてそれぞれ娘細胞の染色体になるわけだけど……
もとの染色体の構成と同じ！
① ② ③ … ㉒ X X

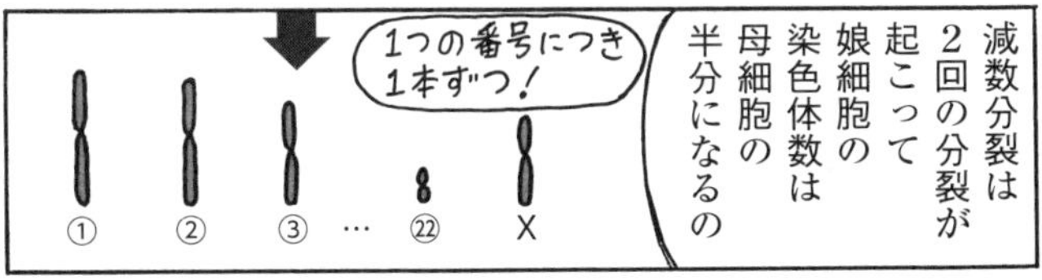
減数分裂は2回の分裂が起こって娘細胞の染色体数は母細胞の半分になるの
1つの番号につき1本ずつ！
① ② ③ … ㉒ X

なるほど！
それじゃ減数分裂の進み方についてやるわよ

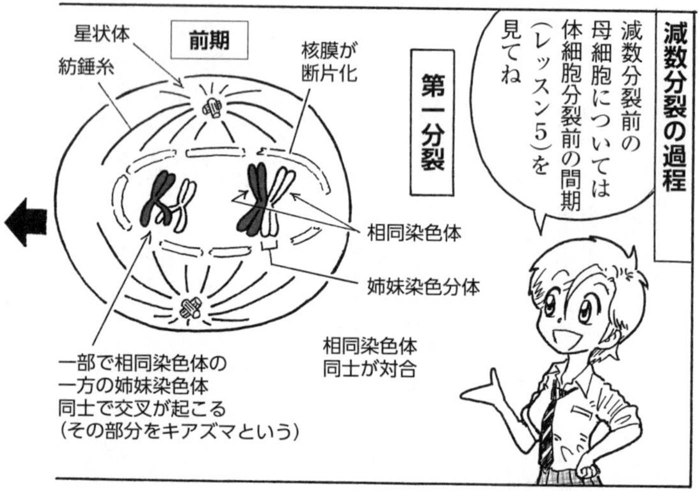
減数分裂の過程
減数分裂前の母細胞については体細胞分裂前の間期（レッスン5）を見てね
第一分裂
前期
星状体
紡錘糸
核膜が断片化
相同染色体
姉妹染色分体
相同染色体同士が対合
一部で相同染色体の一方の姉妹染色体同士で交叉が起こる（その部分をキアズマという）

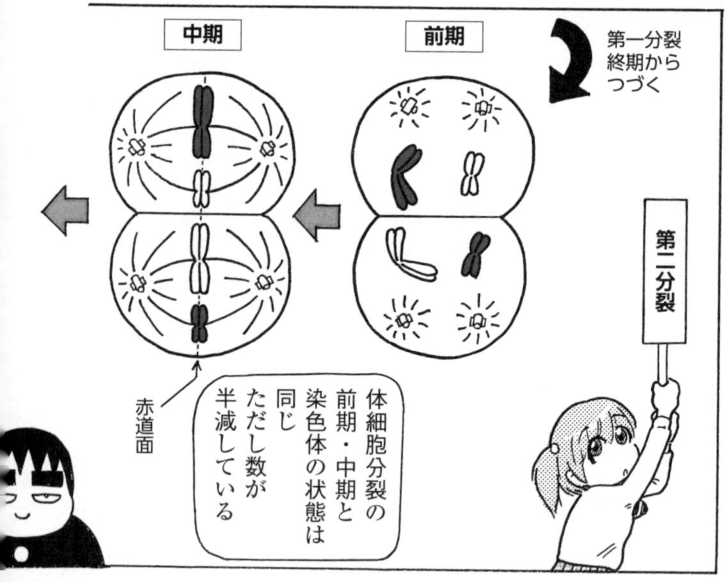
第一分裂終期からつづく
第二分裂
前期
中期
赤道面
体細胞分裂の前期・中期と染色体の状態は同じ
ただし数が半減している

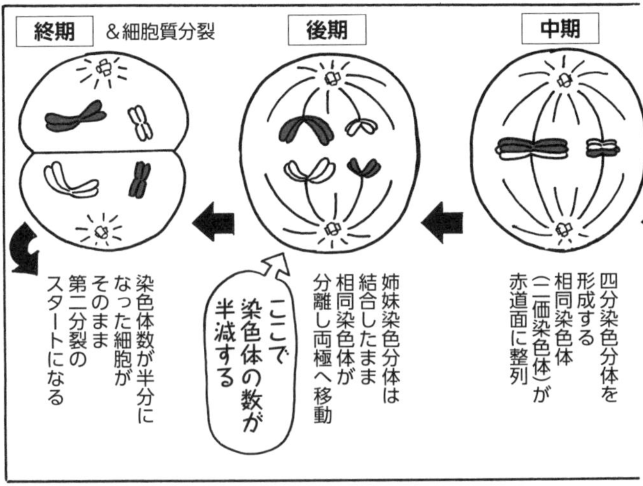
中期
四分染色分体を形成する相同染色体（二価染色体）が赤道面に整列
後期
姉妹染色分体は結合したまま相同染色体が分離し両極へ移動
ここで染色体の数が半減する
終期
&細胞質分裂
染色体数が半分になった細胞がそのまま第二分裂のスタートになる

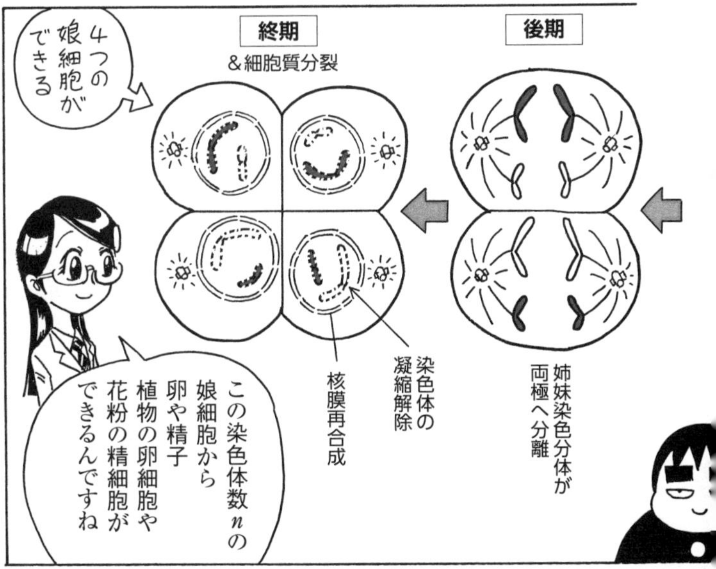
後期
姉妹染色分体が両極へ分離
終期
&細胞質分裂
染色体の凝縮解除
核膜再合成
4つの娘細胞ができる
この染色体数nの娘細胞から卵や精子植物の卵細胞や花粉の精細胞ができるんですね

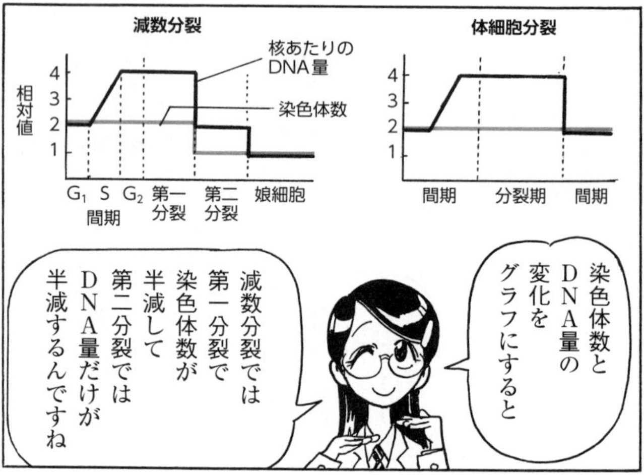
減数分裂
核あたりのDNA量
染色体数
相対値
4
3
2
1
G_1 S G_2 第一分裂 第二分裂 娘細胞
間期
体細胞分裂
4
3
2
1
間期 分裂期 間期
染色体数とDNA量の変化をグラフにすると
減数分裂では第一分裂で染色体数が半減して第二分裂ではDNA量だけが半減するんですね

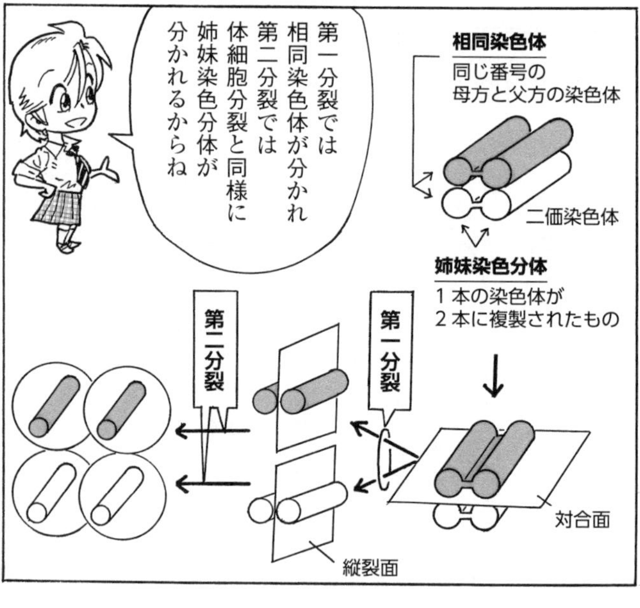
第一分裂では相同染色体が分かれ第二分裂では体細胞分裂と同様に姉妹染色分体が分かれるからね
相同染色体
同じ番号の
母方と父方の染色体
二価染色体
姉妹染色分体
1本の染色体が
2本に複製されたもの
対合面
第一分裂
第二分裂
縦裂面

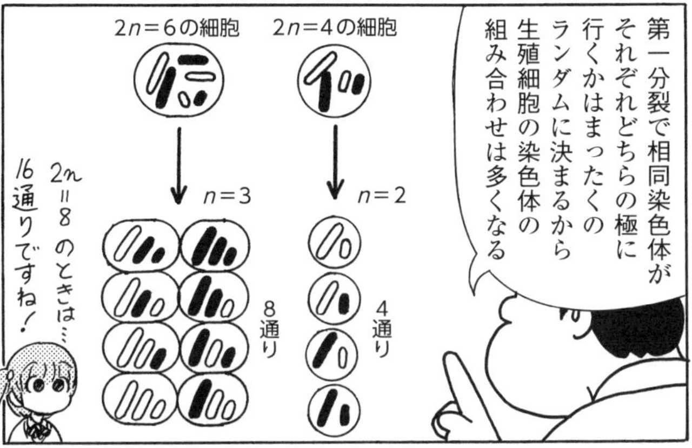
第一分裂で相同染色体がそれぞれどちらの極に行くかはまったくのランダムに決まるから生殖細胞の染色体の組み合わせは多くなる
$2n=6$の細胞
$2n=4$の細胞
$n=3$
$n=2$
8通り
4通り
$2n=8$のときは…16通りですね！

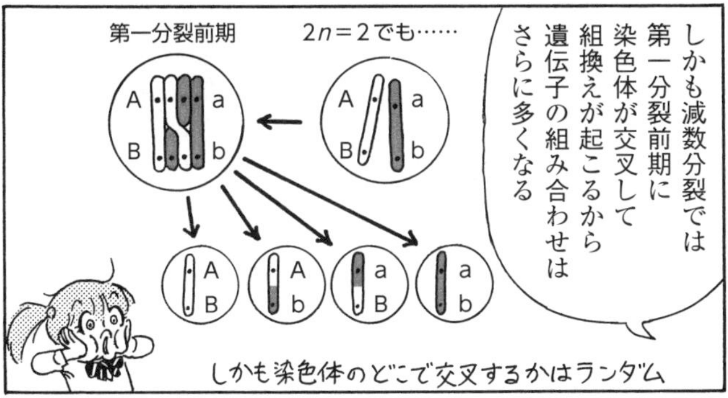
しかも減数分裂では第一分裂前期に染色体が交叉して組換えが起こるから遺伝子の組み合わせはさらに多くなる
第一分裂前期
$2n=2$でも……
A a B b
A a B b
A B
A b
a B
a b
しかも染色体のどこで交叉するかはランダム

これがさっき出た組み合わせの話ね
はいです
それでは精子と卵の作られ方もやっていこう

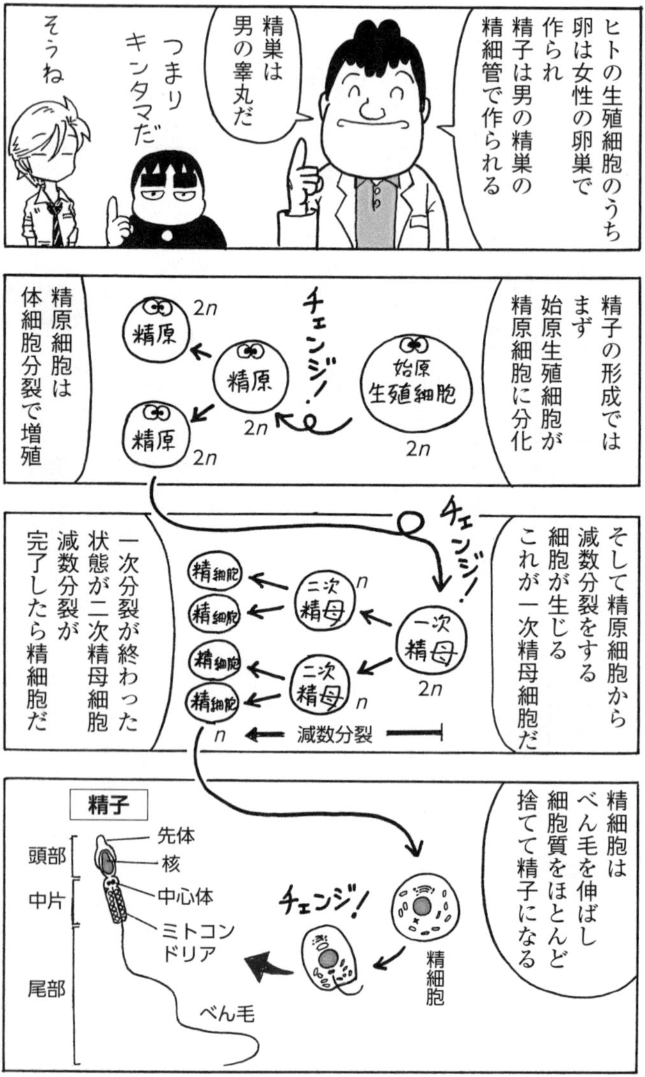
ヒトの生殖細胞のうち
卵は女性の卵巣で
作られ
精子は男の精巣の
精細管で作られる
精巣は
男の睾丸だ
つまり
キンタマだ
そうね
精子の形成では
まず
始原生殖細胞が
精原細胞に分化
始原
生殖細胞
$2n$
チェンジ!
精原
$2n$
精原
$2n$
精原
$2n$
精原細胞は
体細胞分裂で増殖
そして精原細胞から
減数分裂をする
細胞が生じる
これが一次精母細胞だ
チェンジ!
一次
精母
$2n$
二次
精母
n
二次
精母
n
精細胞
精細胞
精細胞
精細胞
n
減数分裂
一次分裂が終わった
状態が二次精母細胞
減数分裂が
完了したら精細胞だ
精細胞は
べん毛を伸ばし
細胞質をほとんど
捨てて精子になる
精細胞
チェンジ!
精子
先体
核
中心体
ミトコンドリア
頭部
中片
尾部
べん毛

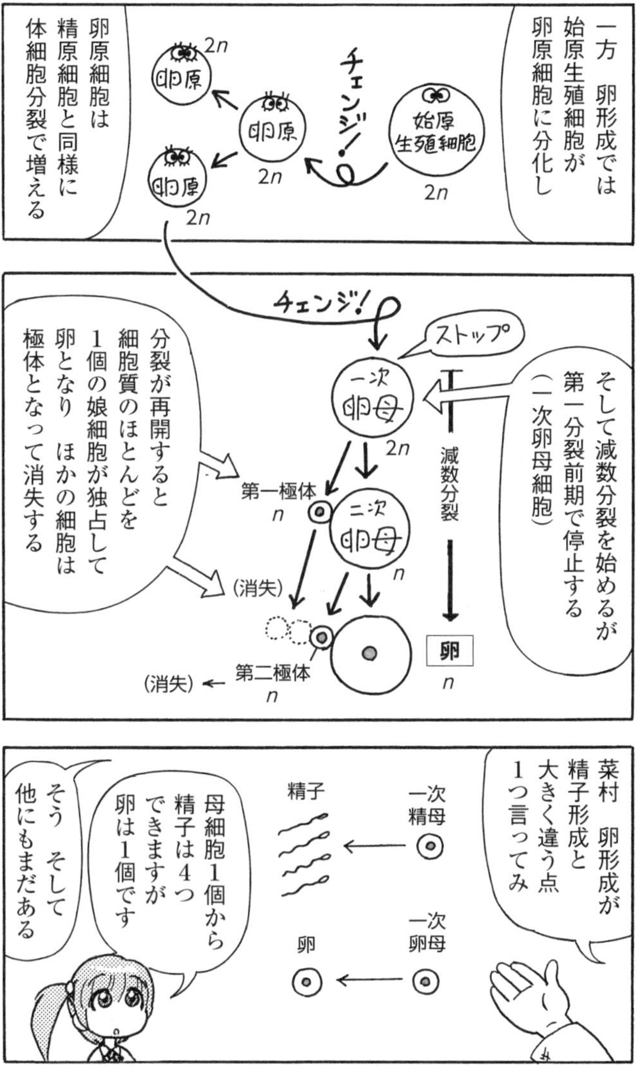
一方　卵形成では
始原生殖細胞が
卵原細胞に分化し
始原生殖細胞
2n
チェンジ！
卵原
2n
卵原
2n
卵原
2n
卵原細胞は
精原細胞と同様に
体細胞分裂で増える
チェンジ！
ストップ
そして減数分裂を始めるが
第一分裂前期で停止する
（一次卵母細胞）
一次卵母
2n
減数分裂
第一極体
n
二次卵母
n
(消失)
第二極体
n
(消失)
卵
n
分裂が再開すると
細胞質のほとんどを
1個の娘細胞が独占して
卵となり　ほかの細胞は
極体となって消失する
菜村　卵形成が
精子形成と
大きく違う点
1つ言ってみ
一次精母
精子
一次卵母
卵
母細胞1個から
精子は4つ
できますが
卵は1個です
そう　そして
他にもまだある

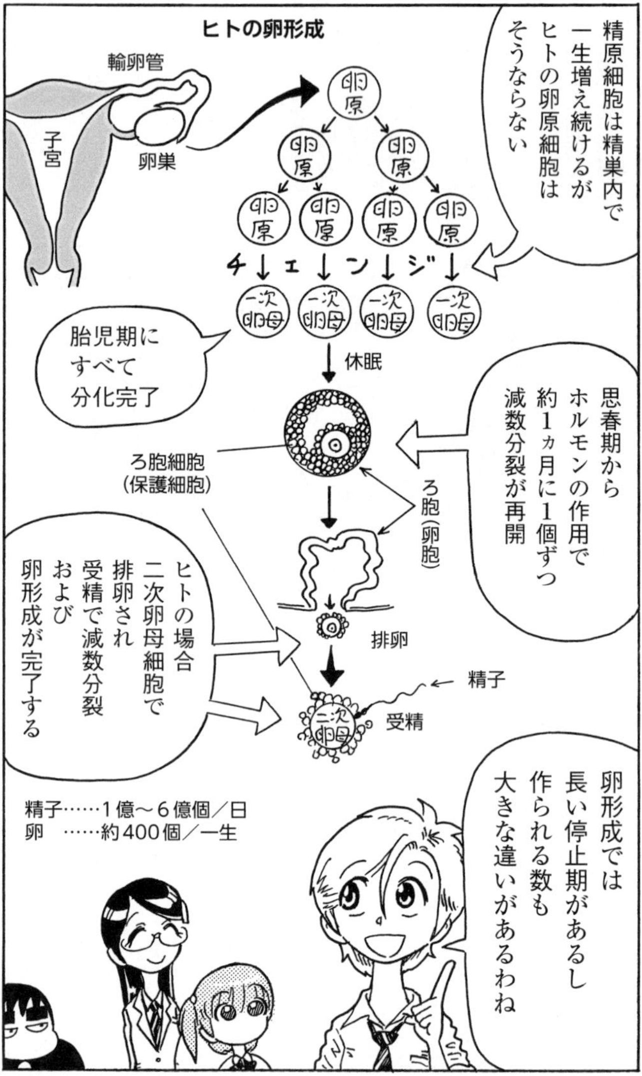
精原細胞は精巣内で一生増え続けるがヒトの卵原細胞はそうならない
ヒトの卵形成
輸卵管
子宮
卵巣
卵原
チェンジ
一次卵母
胎児期にすべて分化完了
休眠
思春期からホルモンの作用で約1ヵ月に1個ずつ減数分裂が再開
ろ胞細胞（保護細胞）
ろ胞（卵胞）
ヒトの場合二次卵母細胞で排卵され受精で減数分裂および卵形成が完了する
排卵
精子
受精
二次卵母
精子……1億〜6億個／日
卵　……約400個／一生
卵形成では長い停止期があるし作られる数も大きな違いがあるわね

それじゃ受精についても説明してやってくれ例はまずウニからな
はーい

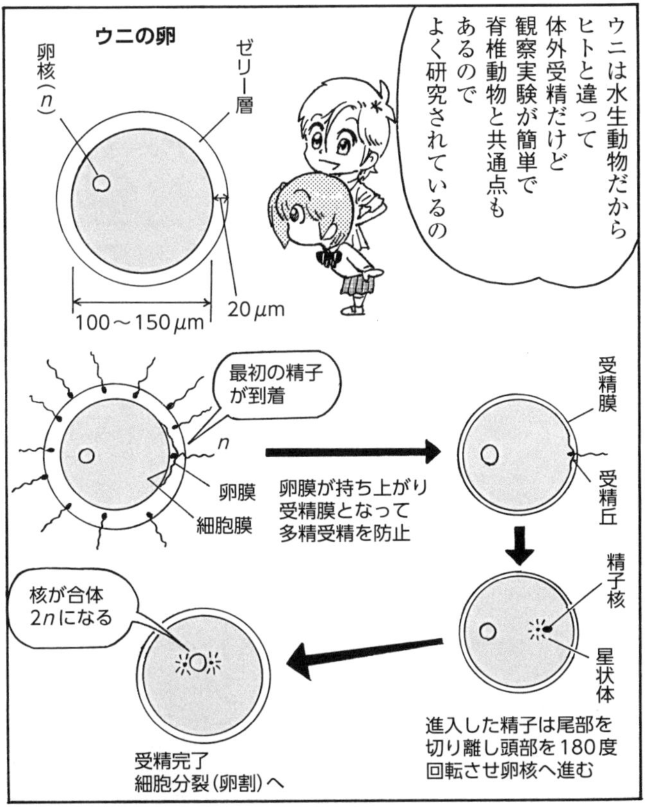
ウニは水生動物だからヒトと違って体外受精だけど観察実験が簡単で脊椎動物と共通点もあるのでよく研究されているの
ウニの卵
卵核(n)
ゼリー層
20μm
100〜150μm
最初の精子が到着
n
卵膜
細胞膜
卵膜が持ち上がり受精膜となって多精受精を防止
受精膜
受精丘
精子核
星状体
進入した精子は尾部を切り離し頭部を180度回転させ卵核へ進む
核が合体2nになる
受精完了
細胞分裂(卵割)へ

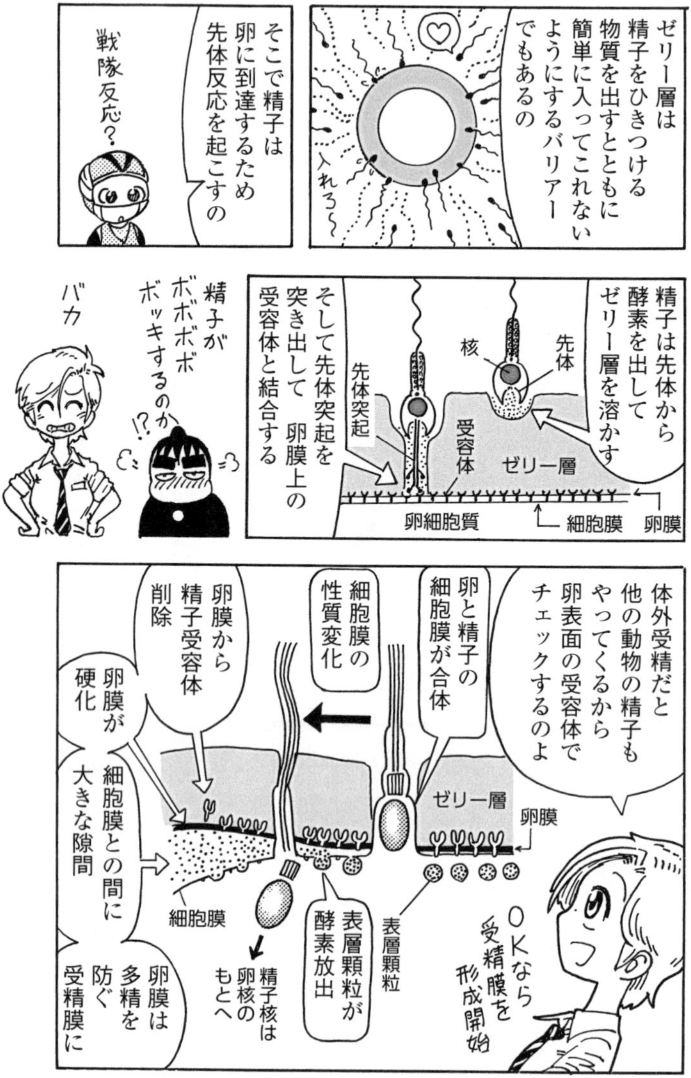
ゼリー層は精子をひきつける物質を出すとともに簡単に入ってこれないようにするバリアーでもあるの
♡
入れろ〜
そこで精子は卵に到達するため先体反応を起こすの
戦隊反応？
精子は先体から酵素を出してゼリー層を溶かす
先体
核
ゼリー層
受容体
そして先体突起を突き出して卵膜上の受容体と結合する
先体突起
卵細胞質
細胞膜
卵膜
精子がボボボボボッキするのか
!?
バカ
体外受精だと他の動物の精子もやってくるから卵表面の受容体でチェックするのよ
卵と精子の細胞膜が合体
細胞膜の性質変化
卵膜から精子受容体削除
卵膜が硬化
細胞膜との間に大きな隙間
ゼリー層
卵膜
細胞膜
表層顆粒
表層顆粒が酵素放出
精子核は卵核のもとへ
卵膜は多精を防ぐ受精膜に
OKなら受精膜を形成開始

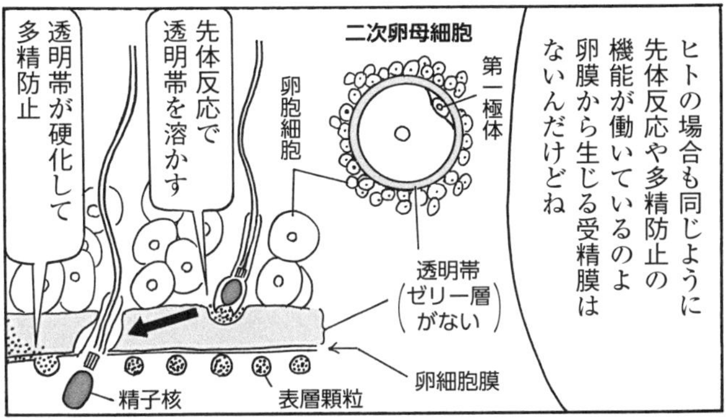
ヒトの場合も同じように先体反応や多精防止の機能が働いているのよ卵膜から生じる受精膜はないんだけどね
二次卵母細胞
第一極体
卵胞細胞
透明帯（ゼリー層がない）
卵細胞膜
表層顆粒
精子核
先体反応で透明帯を溶かす
透明帯が硬化して多精防止

これでおしまい！
今回はすずの質問で始まったけどどうだった？
はい！よくわかりました！

これでいつでも赤ちゃんが産めます！
すずちゃんいいお母さんになれそうね
どういう意味だ？
別に…
産む気マンマンだな

プラスワンポイント 8 被子植物の生殖—重複受精

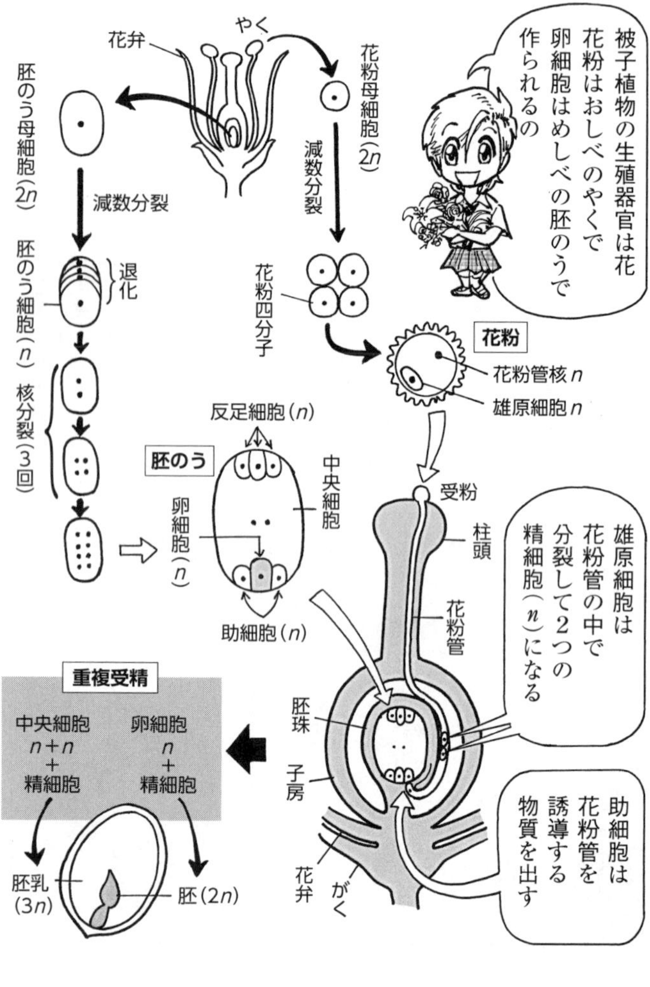
被子植物の生殖器官は花粉はおしべのやくで卵細胞はめしべの胚のうで作られるの
花弁
やく
胚のう母細胞（2n）
花粉母細胞（2n）
減数分裂
減数分裂
胚のう細胞（n）
退化
花粉四分子
花粉
花粉管核 n
雄原細胞 n
核分裂（3回）
反足細胞（n）
胚のう
中央細胞
卵細胞（n）
助細胞（n）
受粉
柱頭
花粉管
雄原細胞は花粉管の中で分裂して2つの精細胞（n）になる
胚珠
子房
花弁
がく
助細胞は花粉管を誘導する物質を出す
重複受精
中央細胞
n＋n
＋
精細胞
卵細胞
n
＋
精細胞
胚乳（3n）
胚（2n）

Lesson8 ▶▶▶ 動物の発生

今日の勉強は史絵と私で進めるわね
楽しく頑張りましょう 森野くんも
はいっ！
あれ？木原先生はどうしたんですか？
お休みでしたっけ？
みんな元気ー？
ガラッ

今日も飼育室見学させてもらうわねみんな勉強頑張ってね！
はーい
菱岡先生～
生き物のことなら私にガイドおまかせを～
菱岡先生ってばー

とと
ぱたん
ぷっ
ね 水曜は菱岡先生が来るから…
毎週あの調子だもんね
ぶっす〜〜
なるほどです……
おいオッサン出会い系のメール9割はサクラだぞ
調べ物だと言い張ってやした十中八九ゲームだと思うが
いいから!
始めるわよ

では菊樹さん まず何から始めましょう
それではまず受精卵の構造について確認していきましょう
え？ 受精卵は1個の丸い細胞ですよね ？
いろいろあるんですよー
成体の体でいうと脊椎動物だったら前後・左右 そしてお腹と背中 3つの軸があるよね
前(頭)
腹
左
右
背
後(尾)
カエルだとこうなるよね
卵には上下があって動物極・植物極というの
動物極
赤道面
動物半球
植物半球
卵軸
植物極
まずこれが1つめの軸を決めるんですね

カエルの卵では動物極は黒っぽくて上を向いていてわかりやすいですね
太陽の紫外線から中を守るため表層に色素を含んでるんですね
卵の形成時に極体の出てきたところが動物極になるんですよ
それから？
受精が起こると動物極の黒い表層が精子進入点のほうにずれこむの
そんなこと見てわかるですか？
まんまるですよ？
ほらこんなふうに
精子進入点
灰色三日月環
こうして現れた部分は灰色三日月環といって将来背中側になるのよ

そして最初の細胞分裂はこの灰色三日月環を二分するように起こります
頭
腹
左
右
背
尾
右半身と左半身に分割ね
これで3方向の軸がすべて決まるんですね
つまりそれはこういうことだな
このへんに受精してくれ
トン
つつくだけでいいよね
?

灰色三日月環
おふぅ♡
ズルッッ
ということですな?
まあそういうことね……
あんたある意味天才ね
そしてさらに細胞分裂!
ゔしっ
出さんでいい!
早く本題はじめましょう
受精卵から始まる細胞分裂は卵割といって分裂した娘細胞は割球というの
卵カツ?
冷静に冷静に
代表的な観察材料のウニとカエルについて初期発生を見てみましょう

ウニの初期発生

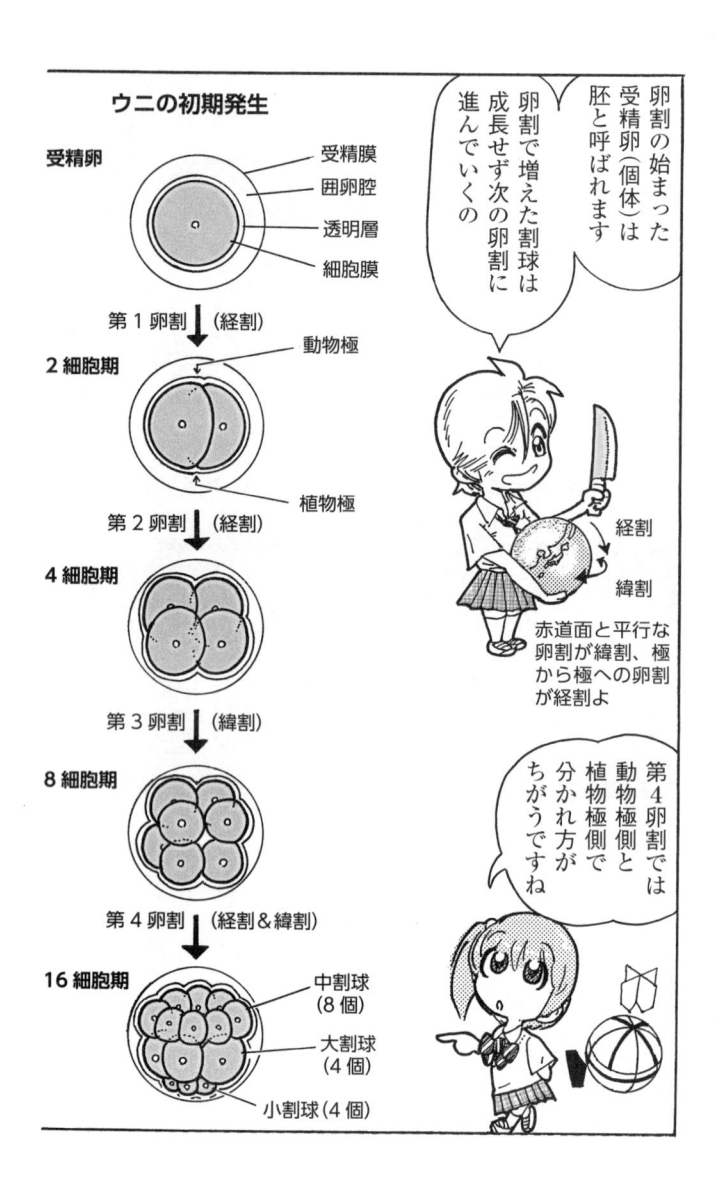

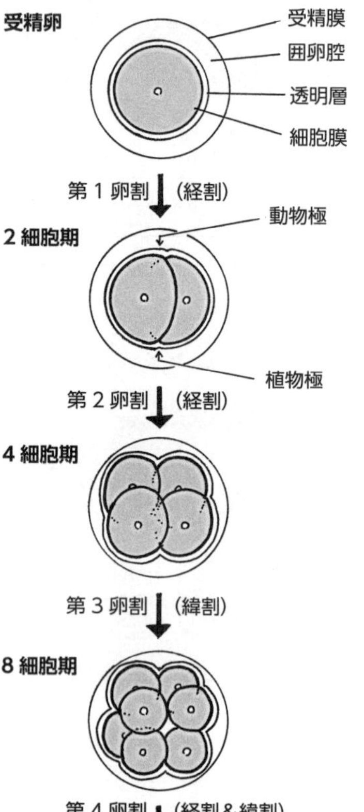
受精卵
受精膜
囲卵腔
透明層
細胞膜
第 1 卵割 (経割)
動物極
2 細胞期
植物極
第 2 卵割 (経割)
4 細胞期
第 3 卵割 (緯割)
8 細胞期
第 4 卵割 (経割＆緯割)
16 細胞期
中割球
(8 個)
大割球
(4 個)
小割球(4 個)

卵割の始まった受精卵(個体)は胚と呼ばれます
卵割で増えた割球は成長せず次の卵割に進んでいくの
経割
緯割
赤道面と平行な卵割が緯割、極から極への卵割が経割よ
第4卵割では動物極側と植物極側で分かれ方がちがうですね

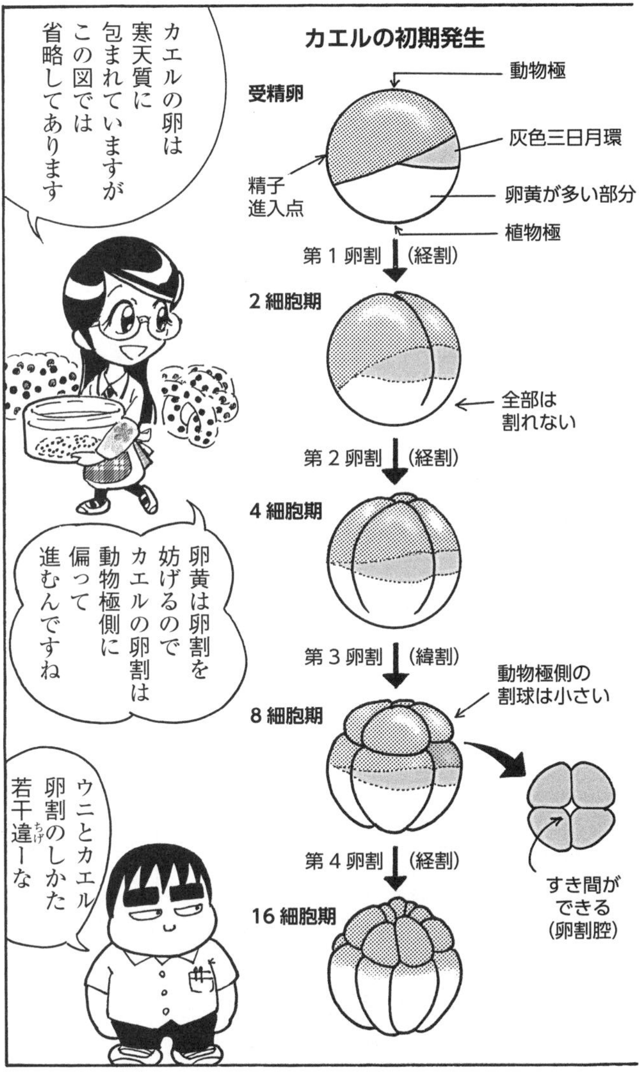
カエルの卵は寒天質に包まれていますがこの図では省略してあります
カエルの初期発生
受精卵
動物極
灰色三日月環
精子進入点
卵黄が多い部分
植物極
第 1 卵割 (経割)
2 細胞期
全部は割れない
第 2 卵割 (経割)
4 細胞期
第 3 卵割 (緯割)
動物極側の割球は小さい
8 細胞期
すき間ができる(卵割腔)
第 4 卵割 (経割)
16 細胞期
卵黄は卵割を妨げるのでカエルの卵割は動物極側に偏って進むんですね
ウニとカエル卵割のしかた若干違《ちげ》ーな

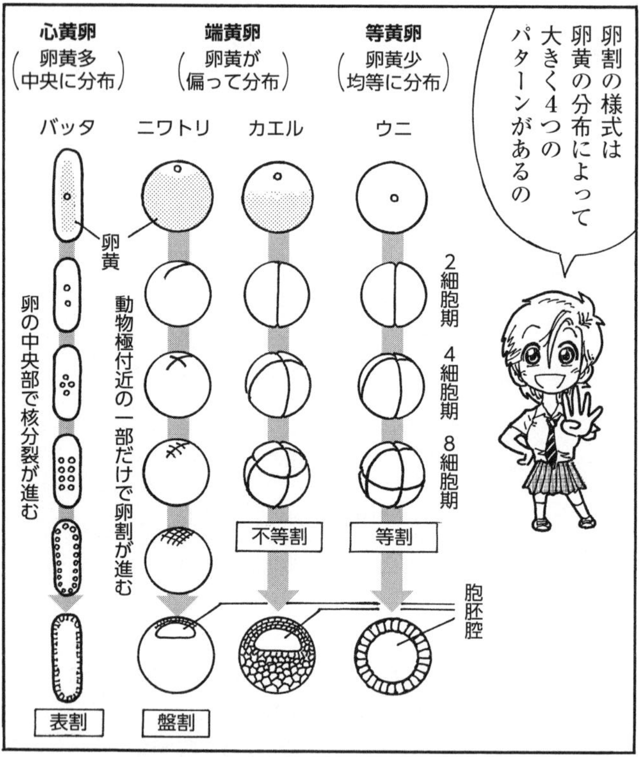
卵割の様式は
卵黄の分布によって
大きく4つの
パターンがあるの
心黄卵
(卵黄多
中央に分布)
端黄卵
(卵黄が
偏って分布)
等黄卵
(卵黄少
均等に分布)
バッタ
ニワトリ
カエル
ウニ
卵黄
卵の中央部で核分裂が進む
動物極付近の一部だけで卵割が進む
2細胞期
4細胞期
8細胞期
不等割
等割
胞胚腔
表割
盤割

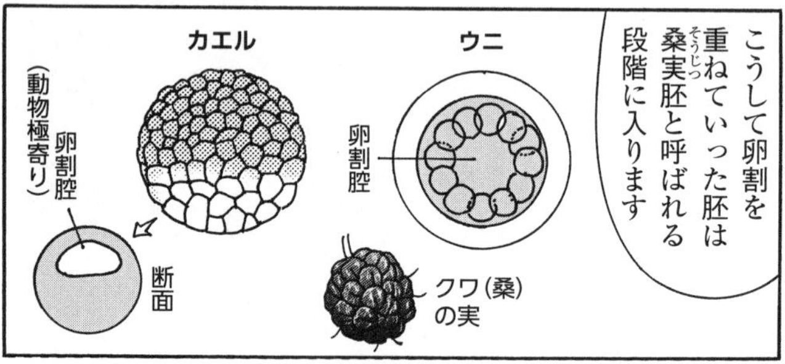
こうして卵割を
重ねていった胚は
桑実《そうじつ》胚と呼ばれる
段階に入ります
カエル
ウニ
(動物極寄り)
卵割腔
断面
卵割腔
クワ(桑)
の実

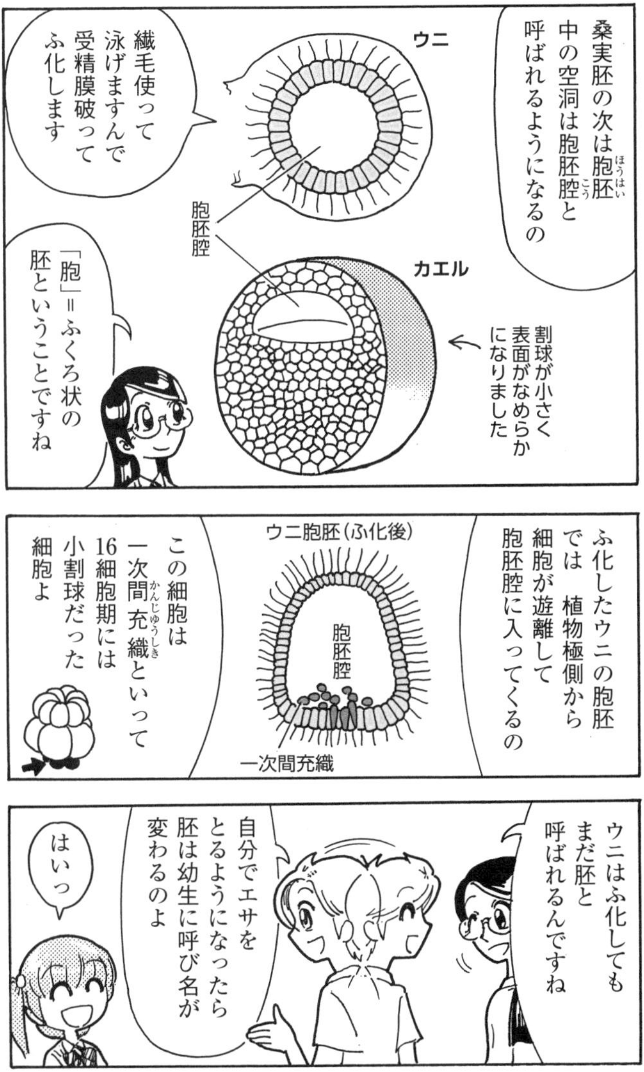

桑実胚の次は胞胚《ほうはい》
中の空洞は胞胚腔《こう》と
呼ばれるようになるの
ウニ
割球が小さく
表面がなめらか
になりました
カエル
胞胚腔
繊毛使って
泳げますんで
受精膜破って
ふ化します
「胞」＝ふくろ状の
胚ということですね
ふ化したウニの胞胚
では　植物極側から
細胞が遊離して
胞胚腔に入ってくるの
ウニ胞胚（ふ化後）
胞胚腔
一次間充織
この細胞は
一次間充織《かんじゅうしき》といって
16細胞期には
小割球だった
細胞よ
ウニはふ化しても
まだ胚と
呼ばれるんですね
自分でエサを
とるようになったら
胚は幼生に呼び名が
変わるのよ
はいっ

胞胚の次は何という状態になるんですか？
原腸胚っていうんですよ
げんちょーはい？

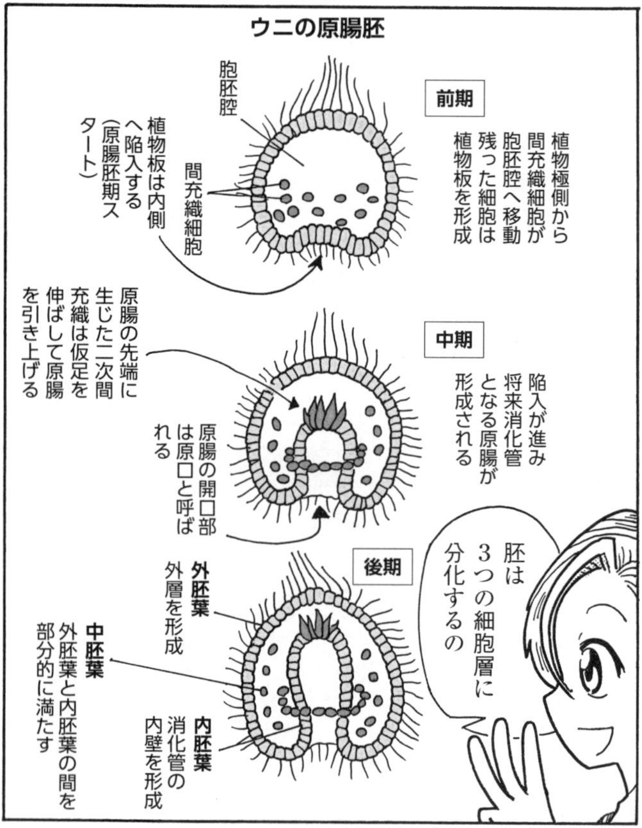
ウニの原腸胚
前期
植物極側から間充織細胞が胞胚腔へ移動 残った細胞は植物板を形成
胞胚腔
間充織細胞
植物板は内側へ陥入する（原腸胚期スタート）
中期
陥入が進み将来消化管となる原腸が形成される
原腸の開口部は原口と呼ばれる
原腸の先端に生じた二次間充織は仮足を伸ばして原腸を引き上げる
後期
外胚葉
外層を形成
中胚葉
外胚葉と内胚葉の間を部分的に満たす
内胚葉
消化管の内壁を形成
胚は3つの細胞層に分化するの

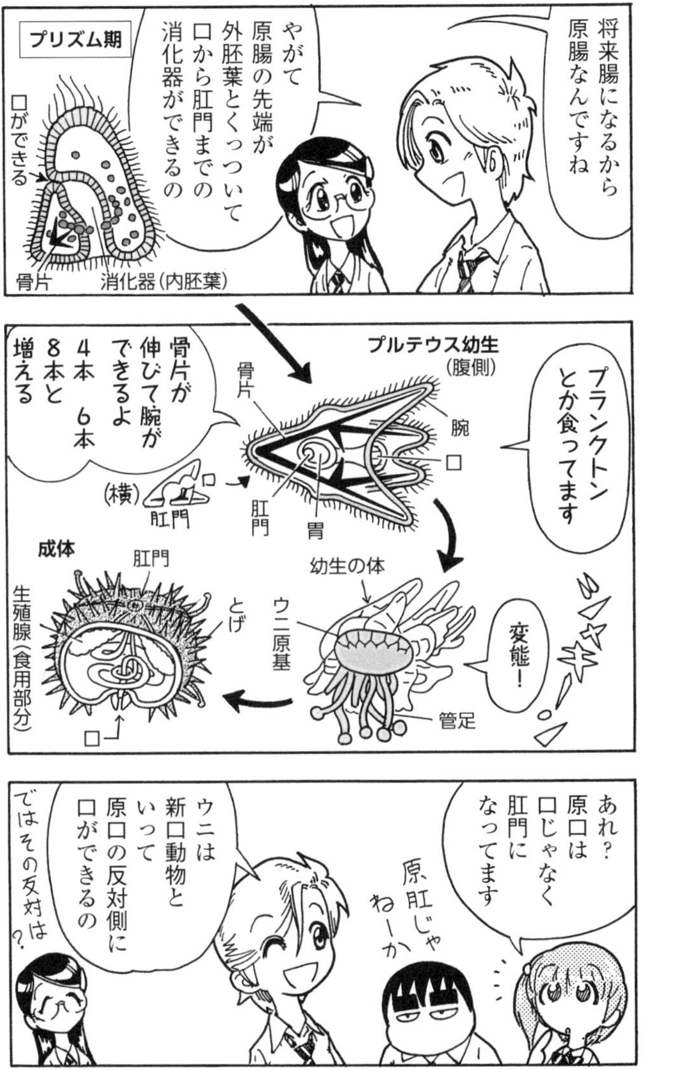
将来腸になるから原腸なんですね
やがて原腸の先端が外胚葉とくっついて口から肛門までの消化器ができるの
プリズム期
口ができる
骨片
消化器（内胚葉）
プランクトンとか食ってます
プルテウス幼生
（腹側）
骨片
腕
口
肛門
胃
骨片が伸びて腕ができるよ 4本 6本 8本と増える
（横）
口
肛門
変態！
シャキー！
幼生の体
ウニ原基
管足
成体
肛門
とげ
生殖腺（食用部分）
口
あれ？原口は口じゃなく肛門になってます
原肛じゃねーか
ウニは新口動物といって原口の反対側に口ができるの
ではその反対は？

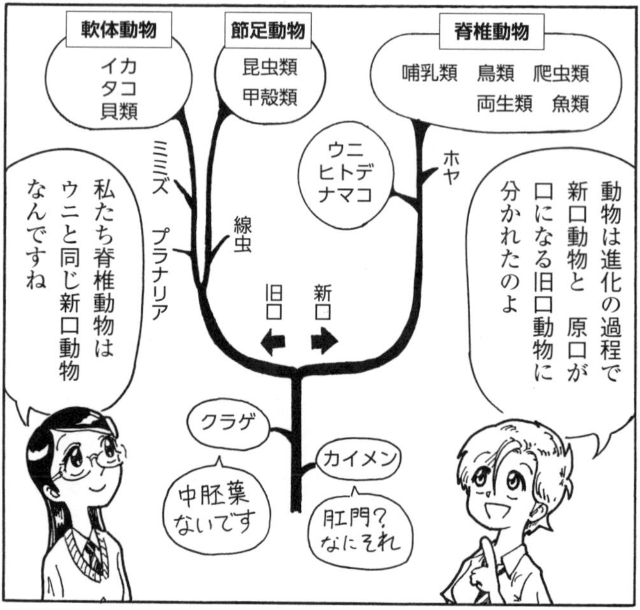
動物は進化の過程で新口動物と　原口が口になる旧口動物に分かれたのよ
軟体動物
イカ
タコ
貝類
節足動物
昆虫類
甲殻類
脊椎動物
哺乳類　鳥類　爬虫類
両生類　魚類
ミミズ
プラナリア
線虫
ウニ
ヒトデ
ナマコ
ホヤ
旧口
新口
クラゲ
カイメン
中胚葉ないです
肛門？なにそれ
私たち脊椎動物はウニと同じ新口動物なんですね

ということはカエルの胚も原口の反対側に口ができるんですね？
はい

カエルでは植物極ではなく少し赤道に近い部分が陥入するの
胞胚腔
原口
灰色三日月環がある背側

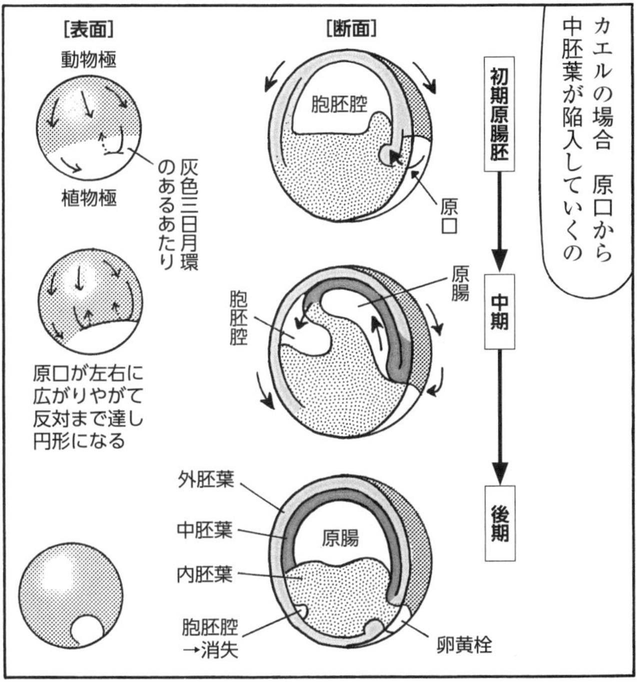

カエルの場合 原口から中胚葉が陥入していくの
[表面]
動物極
植物極
灰色三日月環のあるあたり
原口が左右に広がりやがて反対まで達し円形になる
[断面]
初期原腸胚
胞胚腔
原口
中期
原腸
胞胚腔
後期
外胚葉
中胚葉
内胚葉
原腸
胞胚腔→消失
卵黄栓

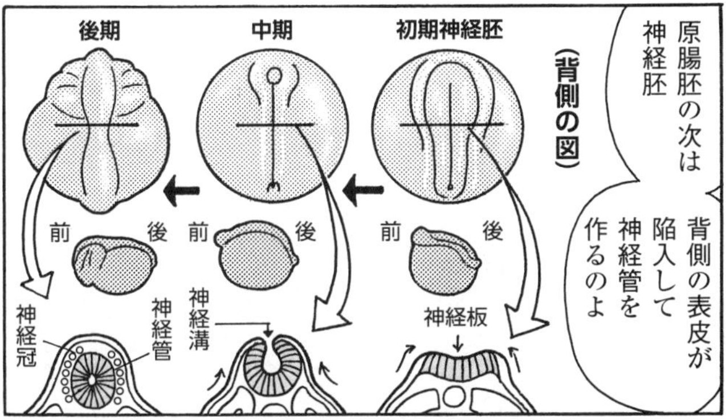

原腸胚の次は神経胚
背側の表皮が陥入して神経管を作るのよ
(背側の図)
初期神経胚
中期
後期
前
後
前
後
前
後
神経板
神経溝
神経管
神経冠

ここで重要な働きをするのが中胚葉の脊索《せきさく》という部分
外胚葉
中胚葉
内胚葉
脊索
脊索が出す物質の作用で外胚葉から神経管が分化するんですよ
脊は背中（背骨）索は縄という意味ですから分化を促す魔法のロープですね
脊索は横の中胚葉にも分化を誘います
そこで体節ができます（原体節）
体節というと昆虫とかミミズなどの体に見られるふしですよね？
節足動物
ふしだらけ
環形動物
そう じつは私たちもたくさんの骨と関節でできている体節動物なのよ
神経管
脊索
体節（原体節）
この体節（原体節）はこのあと脊椎やろっ骨 骨格筋などになるの
体節
関節って

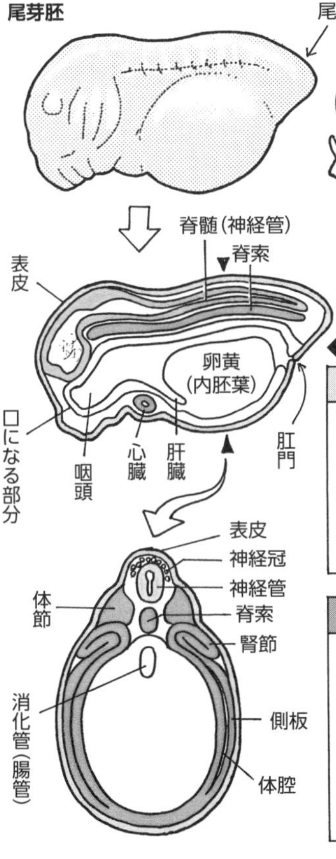
尾芽胚
尾芽
脊髄（神経管）
脊索
表皮
卵黄
（内胚葉）
口になる部分
咽頭
心臓
肝臓
肛門
表皮
神経冠
神経管
体節
脊索
腎節
消化管（腸管）
側板
体腔

そして神経胚は
将来尾になる
尾芽が伸びた
尾芽胚となるの
カエルは
この時期
にふ化

◆各胚葉から分化する器官

外胚葉
表皮 →表皮、毛、爪、外分泌腺、目の水晶体、角膜
神経冠→感覚神経、交感神経
神経管→脳、脊髄、運動神経、副交感神経、目の網膜

中胚葉
脊索→（退化）
体節→真皮、骨格、骨格筋
腎節→腎臓、輸尿管、生殖腺髄質
側板→胸膜、腹膜、腸間膜、心臓、血管、血球、内臓筋、生殖腺皮質

内胚葉
消化管→咽頭・食道・胃・腸・肛門などの表皮、肺、えら、中耳、肝臓、すい臓、内分泌腺

外胚葉の表皮から目の
水晶体なども
できるのね

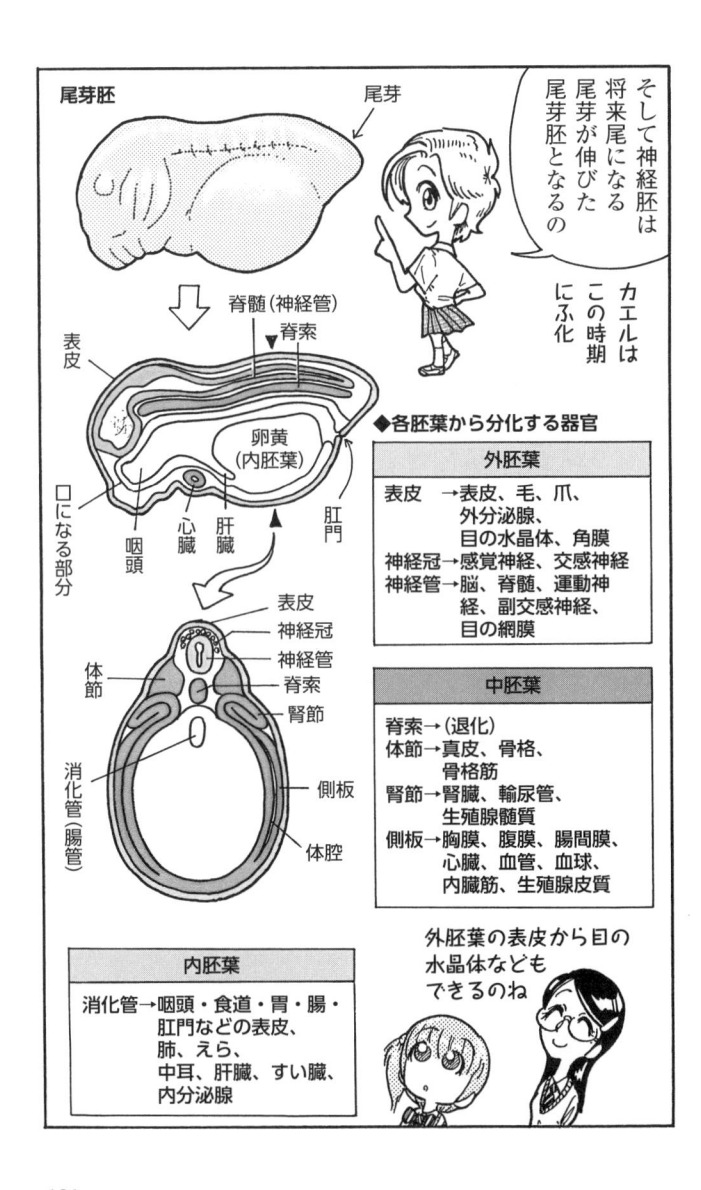

まとめると
外胚葉は
皮膚(表皮)と
神経系感覚器
中胚葉は
骨と筋肉
循環・排出系
内胚葉は
消化系・呼吸系
分泌腺(の上皮)
ですね
腎
腎
肺
肺
胃
すい
肝
はいっ
さっき出た
たいこうって
何ですか?
タイコー
秀吉
いい質問ね
体腔は
内臓と体壁の
間のすき間の
空間のことよ
体腔
胸腔
腹腔
肺
胃
肝
横隔膜
胞胚腔と同じく
「腔」は空洞という
意味ですね
お魚を
料理するとき
お腹を切ったら
内臓がきれいに
出せるでしょ
体腔
体腔は
この内臓が
おさまっている
空間のこと

体腔は中胚葉の側板が2層に分かれ広がってできるのねだから
体節
骨格筋
体腔
側板
腸間膜
腹膜
内臓膜
側板は体腔を内側から裏打ちすると同時に内臓の外側にも分化するの
胃や腸などの内臓は体腔の中で腸間膜で吊り下げられていて内臓につながる血管もそこを通っているわけ
腸間膜
そんじゃ切腹しても内臓はそんなにでろでろ出てこないんだな
もひとつはいです！
どうぞ菜村さん
なんでウニとカエルなんですか？
そーだそーだ
それはね…
お願いします

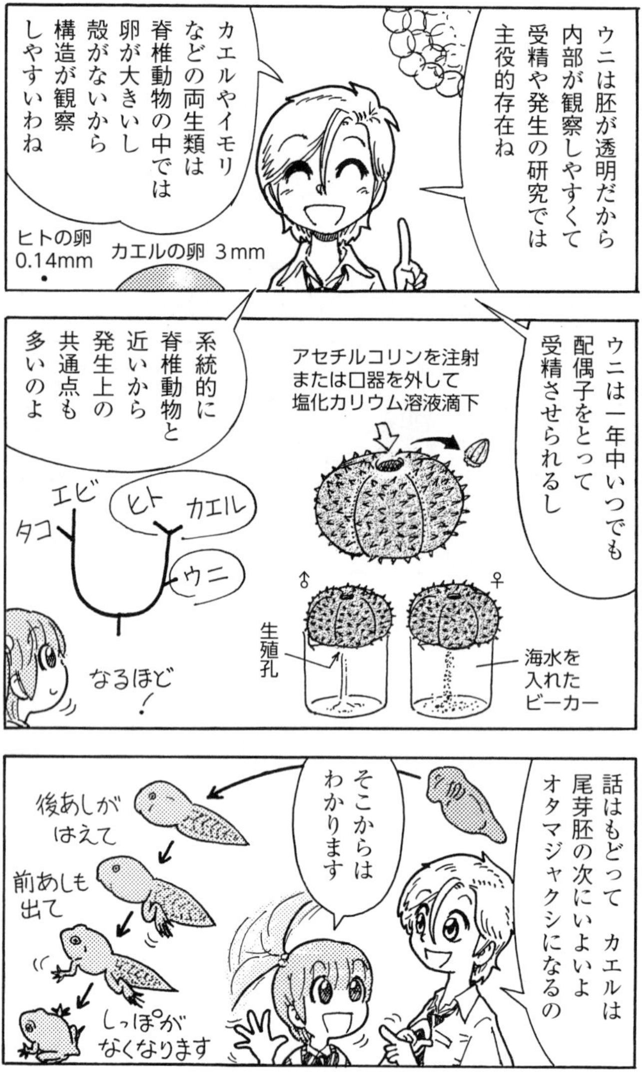

ウニは胚が透明だから内部が観察しやすくて受精や発生の研究では主役的存在ね
カエルやイモリなどの両生類は脊椎動物の中では卵が大きいし殻がないから構造が観察しやすいわね
ヒトの卵 0.14mm
カエルの卵 3mm
ウニは一年中いつでも配偶子をとって受精させられるし
アセチルコリンを注射または口器を外して塩化カリウム溶液滴下
♂
♀
生殖孔
海水を入れたビーカー
系統的に脊椎動物と近いから発生上の共通点も多いのよ
エビ
タコ
ヒト
カエル
ウニ
なるほど
話はもどって カエルは尾芽胚の次にいよいよオタマジャクシになるの
そこからはわかります
後あしがはえて
前あしも出て
しっぽがなくなります

いいね♪
中学高校では習わないけど急に大学入試で出たりする知識よ
オタマはえら呼吸の水を出すあなが左にだけあるので前あしはまず左手がこのあなから出ます
えっへん!
まだまだいっぱい知ってます♪
右手は皮ふを破って出すんだよ
えらあな
(呼吸孔)
ズボッ
オタマの見分け方は目と目が離れているのがアマガエルでヒキガエルは黒いです
ニホンアマ
ニホンヒキ
子ガエルすごく小さいガマ
トノサマ
ウシ
かるく全長10cm超えるモー
エクセレント!
テストにはそこまで出ないけどね
それでは続けて発生の調節についてやりましょう
オイオイもう日ィ暮れんぞ

プラスワンポイント 9 羊膜動物(鳥類)の発生

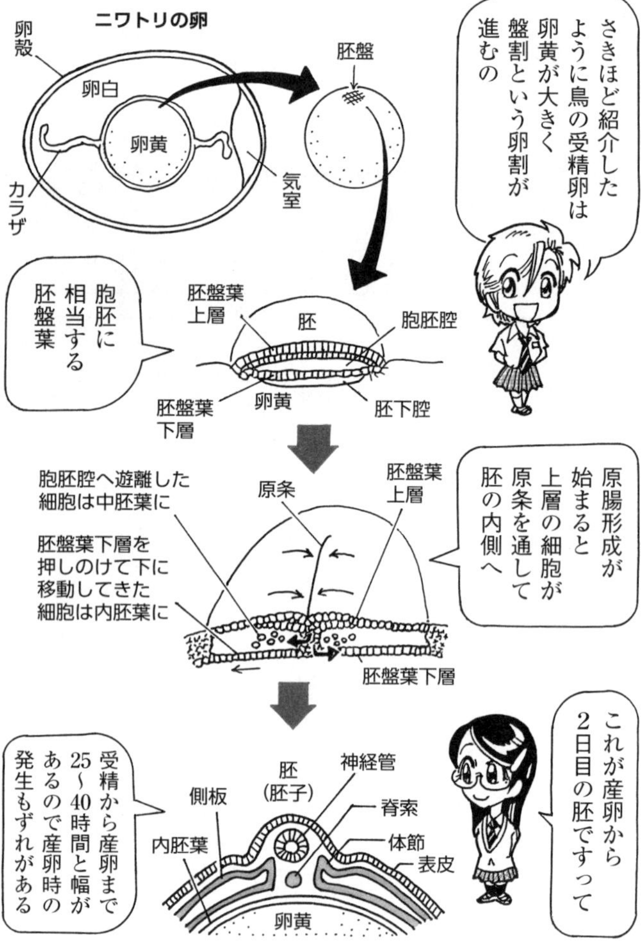

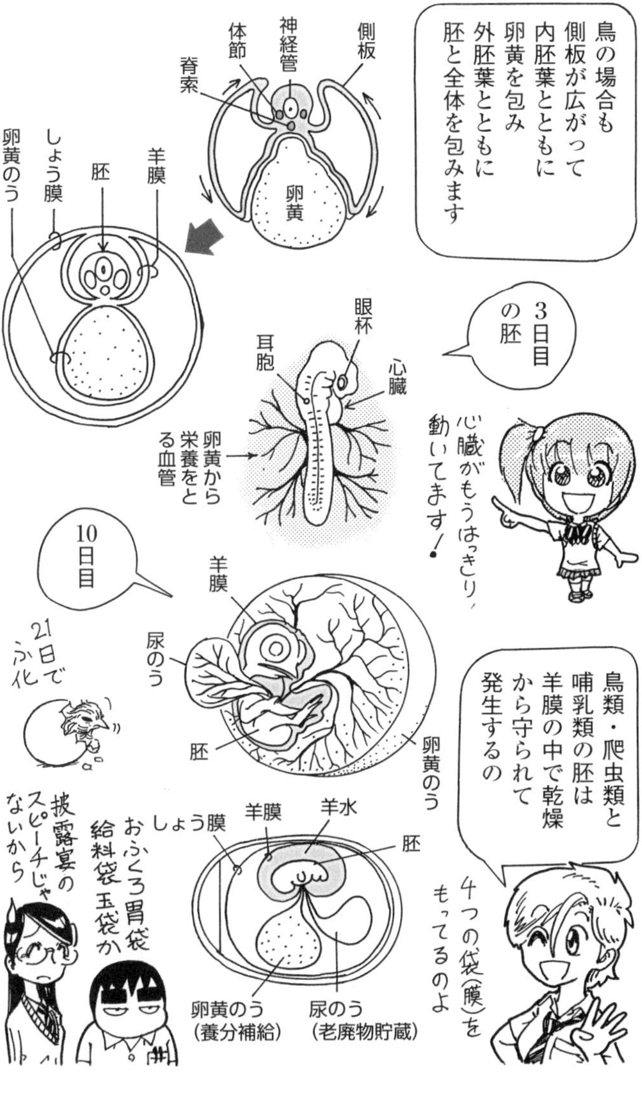
鳥の場合も
側板が広がって
内胚葉とともに
卵黄を包み
外胚葉とともに
胚と全体を包みます
側板
神経管
体節
脊索
卵黄
羊膜
胚
しょう膜
卵黄のう
3日目の胚
眼杯
耳胞
心臓
卵黄から栄養をとる血管
心臓がもうはっきり動いてます!
鳥類・爬虫類と
哺乳類の胚は
羊膜の中で乾燥
から守られて
発生するの
10日目
羊膜
尿のう
胚
卵黄のう
21日でふ化
4つの袋(膜)をもってるのよ
しょう膜
羊膜
羊水
胚
卵黄のう
(養分補給)
尿のう
(老廃物貯蔵)
おふくろ胃袋
給料袋玉袋か
披露宴のスピーチじゃないから

プラス ワンポイント 10 ヒトの発生

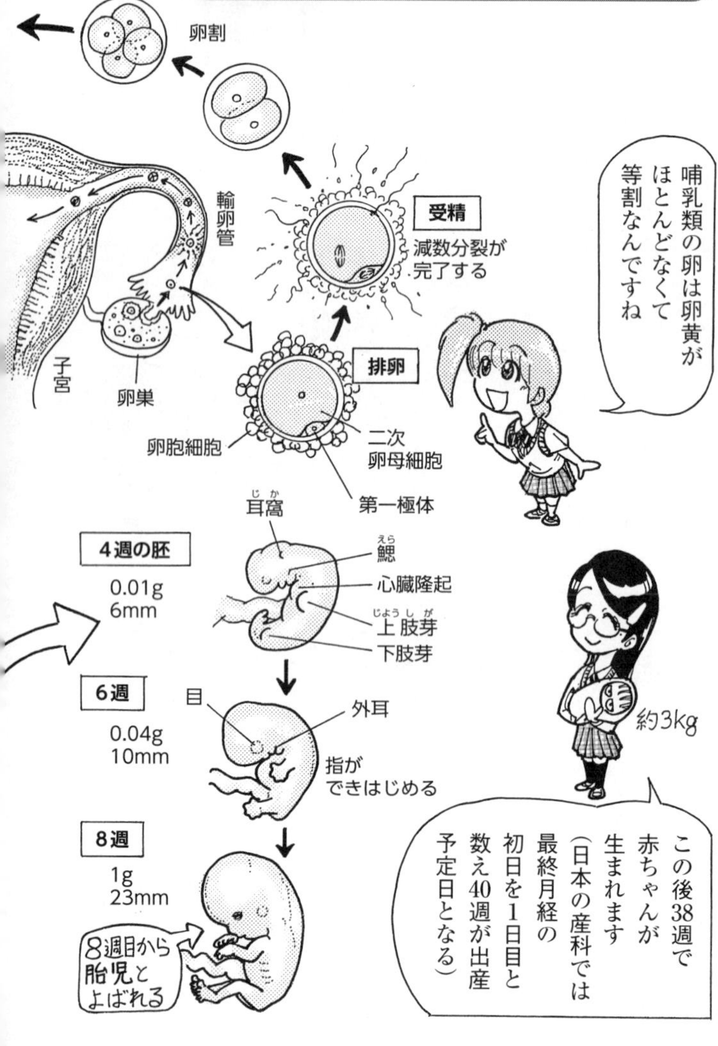
卵割
輸卵管
子宮
卵巣
受精
減数分裂が完了する
排卵
卵胞細胞
二次卵母細胞
第一極体
哺乳類の卵は卵黄がほとんどなくて等割なんですね
4週の胚
0.01g
6mm
耳窩《じか》
鰓《えら》
心臓隆起
上肢芽《じょうしが》
下肢芽
6週
0.04g
10mm
目
外耳
指ができはじめる
8週
1g
23mm
8週目から胎児とよばれる
約3kg
この後38週で赤ちゃんが生まれます（日本の産科では最終月経の初日を1日目と数え40週が出産予定日となる）

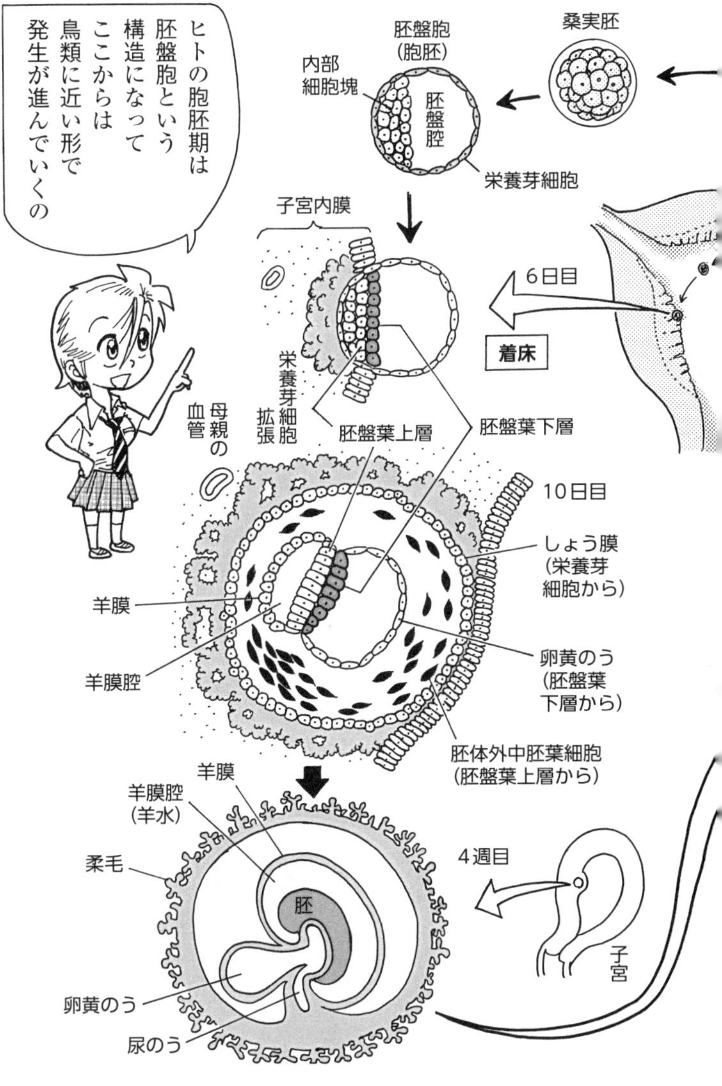
ヒトの胞胚期は
胚盤胞という
構造になって
ここからは
鳥類に近い形で
発生が進んでいくの
桑実胚
胚盤胞
(胞胚)
内部
細胞塊
胚盤腔
栄養芽細胞
子宮内膜
6日目
着床
栄養芽細胞拡張
母親の血管
胚盤葉上層
胚盤葉下層
10日目
しょう膜
(栄養芽
細胞から)
羊膜
羊膜腔
卵黄のう
(胚盤葉
下層から)
胚体外中胚葉細胞
(胚盤葉上層から)
羊膜
羊膜腔
(羊水)
柔毛
胚
4週目
子宮
卵黄のう
尿のう

Lesson9 ▸▸▸ 発生の調節

動物は1個の受精卵から何百種類もの細胞・組織に分かれていくけど……
肩ロース
サーロイン
ヒレ
テール
モモ
バラ
カシラ
どの部分が何になるかいつどうやって決まると思う？
いつ……といいますと？
そうね　じゃあ配偶子のときに決まっていると思う？
これは17世紀末に描かれた精子の絵
顕微鏡で観察したら小人が見えたんですって
いやあすばらしい…この構図　筆使い現代社会におけるひきこもりニートの心象風景を見事に表現していますね…
いったい誰よ
だから17世紀！

精子
卵
精子
または卵に
最初から
ヒトの原形が
できていて
受精後
それが成長して
赤ちゃんになる
という説を
前成説と
いうの
オギャー
それはないです
2細胞4細胞
8細胞と
分裂して
いくです
そうね
じゃあ
受精後は？
ウニの
ごく初期の胚を
カルシウムを
含まない
人工海水中で
振ると
割球が分離
するんだけど…
バラバラになった
2細胞期の割球
どうなると
思う？
う〜ん

2個とも正常に育ちます！一卵性双生児です！
当然即死だろ
そう！小さいけど正常に発生するのよ
そりゃヒトで一卵性双生児できるんだからウニならなおさらできるわな
じゃあ4細胞期では？
え…？
4つ子？5つ子大家族とかは…？
ヒトの四つ子や五つ子は二卵性以上がほとんどだよな
あ先生
ウニは4細胞期の割球1個からでも正常発生OKよ

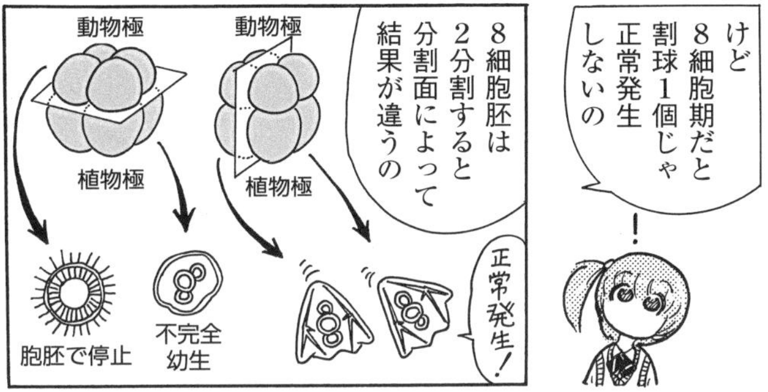
けど8細胞期だと割球1個じゃ正常発生しないの
!
8細胞胚は2分割すると分割面によって結果が違うの
動物極
動物極
植物極
植物極
正常発生!
不完全幼生
胞胚で停止

つまり動物極側と植物極側の割球は違うですね
そう!
しかし経割方向に割れば大丈夫かというとそうはいかない

たとえばクシクラゲの場合……
串くらげ?
クシク・ラーゲ?
くし板という器官で泳ぐクラゲに近い動物よ*
くし板
繊毛からなり虹色に輝く

＊刺胞をもたず、クラゲ（刺胞動物）とは別の有櫛（ゆうしつ）動物に分類される。有櫛動物と刺胞動物をあわせて腔腸動物と呼ぶこともある。

クシクラゲは8列の
くし板をもつけど
割球を分割すると
くし板の列の減った
成体になるの
受精卵
2細胞期
4細胞期
8列
4列
4列
ありゃ
2列
6列
ちょっと…
フウセンクラゲ
ウリクラゲ
↑クシクラゲファミリー↑
ほー
ウニのような卵を
調節卵
クシクラゲの
ように分離すると
体の一部を欠いて
発生する卵を
モザイク卵というの
まあ調節卵とか
モザイク卵とか
分類するのは
本当は意味
ないけどな
そうなの
？
確かに
そうなの
調節卵のウニ卵も
赤道面で分割して
核のある側を
受精させても
正常に発生
しないしね
核
精子

イモリも2細胞期に分割すると両方正常に発生するんだけど
髪の毛でしばる
正常幼生
灰色三日月環が分離した割球の一方に片寄った場合
灰色三日月環を含まないほうは正常に発生できないの
受精卵を一定方向に回転させる
灰色三日月環
正常幼生
細胞塊
正常に発生するには灰色三日月環がいるですね！
この後ここは原口《げんこう》背唇《はいしん》部《ぶ》になって原口から陥入後脊索になるの
灰色三日月環
原口背唇部
原口
（原腸胚）
脊索
（神経胚中期）

たしか脊索は“魔法のロープ”まわりを分化させるでしたね
それを確かめたのがシュペーマンとマンゴルトの実験よ
私たちがやりました
Hilde Mangold
Hans Spemann
こういう実験って師匠は名前だけだったりしてな
失敬な
そうなのか？
この実験はクシイモリの初期原腸胚から
原口背唇部を一部切り取ってスジイモリの胞胚腔に移植
(胚は淡色)
(胚は暗色)
そうすると移植片を中心に別の胚(二次胚)ができたの
二次胚
一次胚(本来の胚)
二次胚
移植片は脊索に分化

原口背唇部みたいに接する部分を分化させる部位を形成体と呼び
分化させる作用を誘導というのよ
形成体はオーガナイザーとも呼ばれてますね
COME ON!
!
オーガナイザー
なんかかっこいいです！
オーガナイザー
↓
オーガナイズする者
↓
オーガンにする
英語で器官のことをオーガンというのかしら
?
カチッ
（スイッチが入った）
←語学堪能
はい 動物の体の器官や人や機械などの組織・機関を表す英語がオーガンで
organ
つづりは楽器のオルガンと同じなんですよ

機関も組織もオーガンですか?
オーガナイズ＝組織する
ややこしいですね
じゃあ生物の組織は何ていうの
ティシューです
tissue
俺は断然オーガナイザーよりオーガニックだな
食い物
オーガニックは「有機(的)」と訳しますけどこれも「生物の」という意味なんですよ
「有機物」ももともとそういう意味だな＊
有機野菜は化学肥料や農薬を使わずに作ったってことだもんね
あとは「臓器の」「構造上の」といった意味ですね
キュ
ポッ
つまりorganというのは生き物のことや色々なものが組み合わさって生き物のように機能する構造というイメージで考えてもらうといいですね
これが「オーガニズム」になると「生物」「有機体」になります
サイボーグは「サイバネティックオーガニズム」の略なんですよ
キュッ
キュッ
かき
かき
これら関連する言葉をまとめると……

＊ 1828年ヴェーラーが尿素の合成に成功するまで有機物は生物体内でしか合成できない物質という意味で使われていた

こんな感じになるかしら
(ギリシャ語)
örganon オルガノン＝道具
ërgon＝仕事 エルゴン
形成体
組織する人 主催者
オルガナイザー
大衆を革命運動に扇動する人 (オルグする)
ディスコクラブのダンスイベントをプロモートする人
organizer オーガナイザー
組織する
organize
organ オーガン
オルガン
パイプオルガン
男性のシンボル (陰語)
人の集団
組織
機関
生物の器官
機関紙
生物の組織はtissue
うすいものが重なっている
ティッシュペーパー
facial tissue
organism オーガニズム
生物・有機体
様々なパーツが組み合わさり機能する構造体
organic オーガニック
器官の
有機化学の
有機農法の
組織的・
cybernetic organism
サイボーグ
ぎっちり

ポカーーーーン
あ

私 暴走しちゃった かしら……
どよん
そんなこと ないって
まあ 副部長と いいながら これまで 空気だったんだ 得意なことくらい 好きに喋らせて やろうじゃないか
察してやれ
何を上から 言ってるの かね 君は
あが
面白かった です もっとお願い します
ありがとう
収拾 ついたかー？
イモリの初期胚 どの部分が 何になるかの話ね
原口背唇部は 将来脊索に なるですね
? ? ? ? ? ? 脊索
他の部分も どうなるか調べたら 地図が描けますね
トントロ
肩ロース
ヒレ
ロース
モモ
バラ
ウデ

イモリの胞胚でそういうことを調べた人がいるわよ
無害な赤と青の色素で着色
胞胚
原腸胚
原口
脊索
神経管
神経胚
ん!?
イモリの卵って3㎜くらいですよね そんな細かい色分けできるですか?
???
米粒に雀を描く技術
どうやったかというと……
色素を染み込ませた小さな寒天片をイモリ胚に押しつけて染色したのよ
局所生体染色法（フォークト）
スズ箔のおさえ
寒天片
胚
パラフィン
私がやりました Walther Vogt
うまくやったな

こうして各部分が将来何になるか（予定運命）を調べ描き分けたのが原基分布図
背面から見た図
神経
脊索
体節
内胚葉
原口（予定）
側面
神経
表皮
脊索
側板
体節
内胚葉
原口予定
マメ
サガリ
ヒモ
ミノ
タン
レバ
ハツ
センマイ
ハラミ
シマチョウ
昭和生まれは「予定運命図」と習ってるよな
ここで問題になるのが各部の予定運命がいつ決定するか
え!? たった今胞胚って
これはあくまで予定なの
うーん
?
それを確かめたのがシュペーマン博士
移植マニアか
悪の組織か
スジイモリ初期原腸胚
予定神経域
クシイモリ初期原腸胚
予定表皮域
初期原腸胚の予定神経域の一部と別の胚の予定表皮域の一部を交換移植したの
うるさい失敬な
ぷん

すると移植された部分は移植後の部位の予定運命に従って分化した
予定神経域
元予定表皮
予定表皮域
元予定神経
脳
移植片は脳の一部となる
移植片は表皮の一部となる
移植片の予定運命は初期原腸胚では未確定だったのですね
背面
予定神経域
交換
予定表皮域
側面
これと同じ実験を初期神経胚でやると移植片は脱落したり移植前の予定運命通りに分化したの
つまり神経になることが決定するのは原腸胚初期から後期の間……
神経になれ〜
中胚葉が陥入し脊索ができてくる時期ですね？
うーむ感慨深い
受精時に灰色三日月環になっただけでそんな力を持つとは
この時点ですでに形成体なんですか
じつは原口背唇部も誘導を受けて形成体になったのよ
またですか
え？

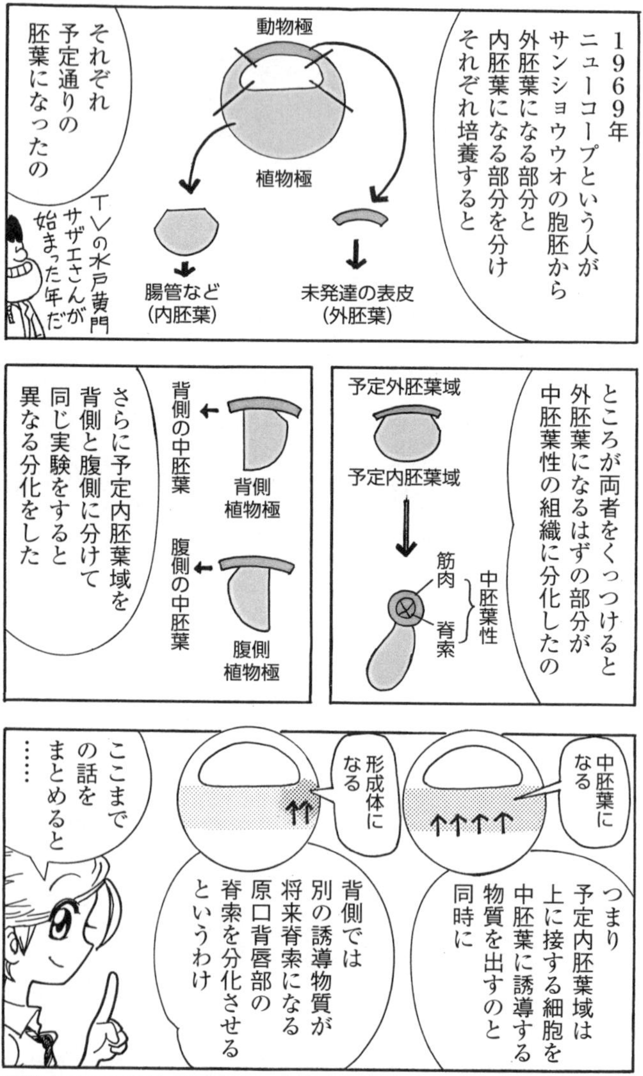

メモ 予定外胚葉域の細胞はアクチビンの濃度によってさまざまな中胚葉性組織に誘導される。1989年、浅島誠によって誘導物質であるアクチビンが世界で初めて単離された。

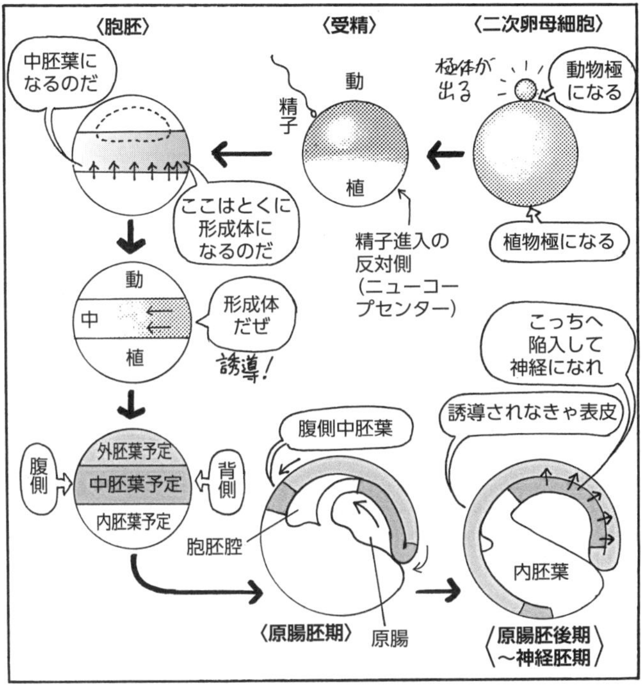
〈二次卵母細胞〉
極体が出る
動物極になる
植物極になる
〈受精〉
動
精子
植
精子進入の反対側（ニューコープセンター）
〈胞胚〉
中胚葉になるのだ
ここはとくに形成体になるのだ
動
中
植
形成体だぜ
誘導！
腹側
外胚葉予定
中胚葉予定
内胚葉予定
背側
腹側中胚葉
胞胚腔
原腸
〈原腸胚期〉
こっちへ陥入して神経になれ
誘導されなきゃ表皮
内胚葉
〈原腸胚後期～神経胚期〉

しかし
おおぅ
がし
それじゃ脊索のまわりしか説明できないな
接触！
うぉ
セクハラ
そう 全身の器官が分化するために誘導された組織が次の形成体になっていくの
ぎゅっ

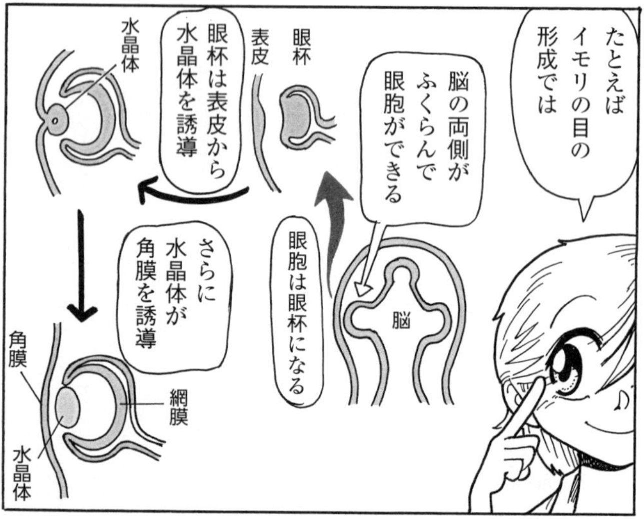
たとえば
イモリの目の
形成では
脳の両側が
ふくらんで
眼胞ができる
脳
眼胞は眼杯になる
眼杯
表皮
眼杯は表皮から
水晶体を誘導
水晶体
さらに
水晶体が
角膜を誘導
網膜
角膜
水晶体

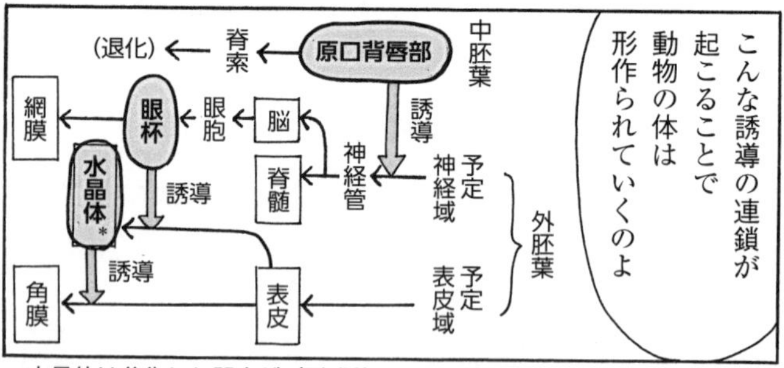
こんな誘導の連鎖が
起こることで
動物の体は
形作られていくのよ
中胚葉
原口背唇部
脊索
(退化)
誘導
外胚葉
予定神経域
予定表皮域
神経管
脳
脊髄
眼胞
眼杯
網膜
水晶体*
誘導
表皮
誘導
角膜

は形成体　　は分化した器官

＊水晶体は分化した器官だが形成体としても働く

わかりました!
きゃっ

菱岡先生の声です！
飼育室！
どうしたんですか!?
この水槽で…
ああ　アフリカツメガエル…水中生活で飼いやすいポピュラーな実験動物ですね
このカエルが急に卵を産みだして
卵!?
生き餌なしでも飼えるのがいいですね
こうして持ったら急に
手なれてる
アフリカツメガエルは生殖腺刺激ホルモンの注射で一年中産卵が可能なんです
けど…

最近　誰もカエルにホルモン注射なんてしてないよね？
してない　してない
観察用に保存した胚もまだあるし

10％ホルマリンに数年間保存したものが観察しやすい

というわけで原因は不明です
わかった！
原因は菱岡先生だ
え?!

先生があまりにセクシーでカエルまでそそられてしまったのです
いやだ木原先生何言っているんですか
菱岡先生本気で困ってる
♀《同性》のカエル発情させてどうするのよ
ダメだこのオヤジ

Lesson10 ⋙ 遺伝

今回は遺伝の法則についてやるわね
え〜〜遺伝やんのー
なんですかいきなり話の腰を折るような
そんな大事じゃないしー中学ですでに少しやっているしー
ま 今回は部長に任せるわ
テキトーにやってくれ
なんなのよ
いったい…
とりあえず始めましょ
はい

遺伝といえばメンデルの実験ね
Mendel
紫色の花を咲かせる系統のエンドウと白色花の系統を交配すると
次の世代はすべて紫色の花になったの
親(P)
白
紫
子(F_1)
紫
顕性の法則ですね!
紫が顕性 白が潜性

メモ このときの紫色花と白色花を対立形質という

じゃあこの子世代(F_1)を自家受粉させたら次の世代(F_2)の花はどうなるかしら?
それは
遺伝子が染色体上にあると知ってるんだから楽勝だよな

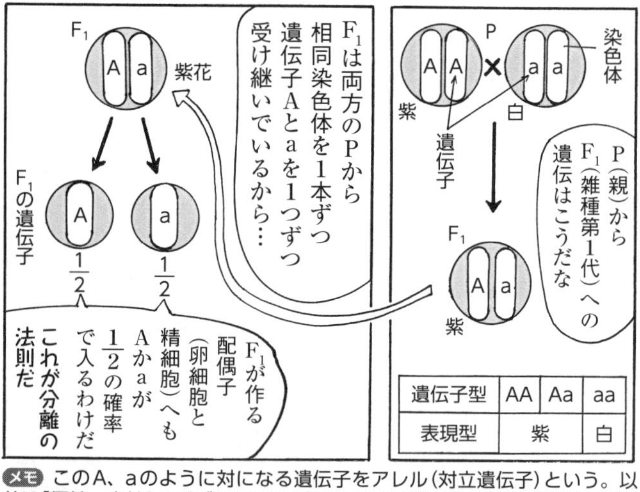
P(親)からF_1(雑種第1代)への遺伝はこうだな
P
染色体
A A
a a
紫
白
遺伝子
F_1
A a
紫
F_1は両方のPから相同染色体を1本ずつ遺伝子Aとaを1つずつ受け継いでいるから…
F_1
A a
紫花
F_1の遺伝子
A
a
$\frac{1}{2}$
$\frac{1}{2}$
F_1が作る配偶子(卵細胞と精細胞)へもAかaが$\frac{1}{2}$の確率で入るわけだ
これが分離の法則だ

遺伝子型	AA	Aa	aa
表現型	紫		白

メモ このA、aのように対になる遺伝子をアレル(対立遺伝子)という。以前は「優性・劣性」と呼ばれていたが2021年中学3年理科の教科書から「顕性・潜性」に改められた

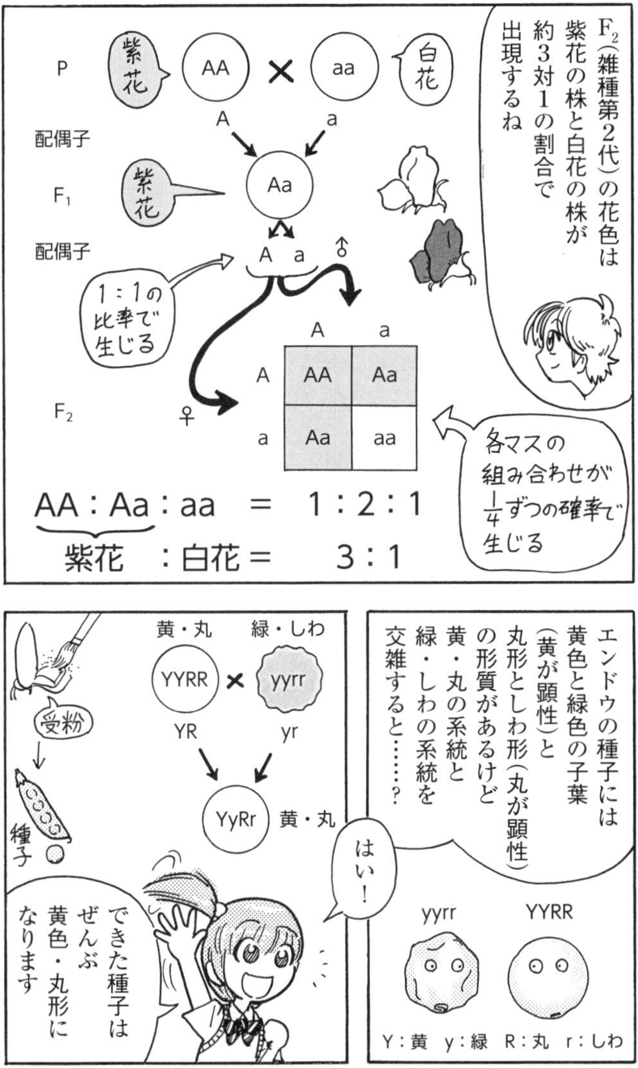
F_2（雑種第2代）の花色は紫花の株と白花の株が約3対1の割合で出現するね
P
紫花
AA × aa
白花
配偶子
A　a
F_1
紫花
Aa
配偶子
A　a　♂
1：1の比率で生じる
A　a
A　AA　Aa
a　Aa　aa
F_2
♀
各マスの組み合わせが$\frac{1}{4}$ずつの確率で生じる
AA：Aa：aa ＝ 1：2：1
紫花：白花＝3：1
エンドウの種子には黄色と緑色の子葉（黄が顕性）と丸形としわ形（丸が顕性）の形質があるけど黄・丸の系統と緑・しわの系統を交雑すると……？
yyrr
YYRR
Y：黄　y：緑　R：丸　r：しわ
はい！
黄・丸
緑・しわ
YYRR × yyrr
YR
yr
YyRr
黄・丸
受粉
種子
できた種子はぜんぶ黄色・丸形になります

メモ 種子の形と子葉の色の形質は交配した花にできた種子にすぐ現れる

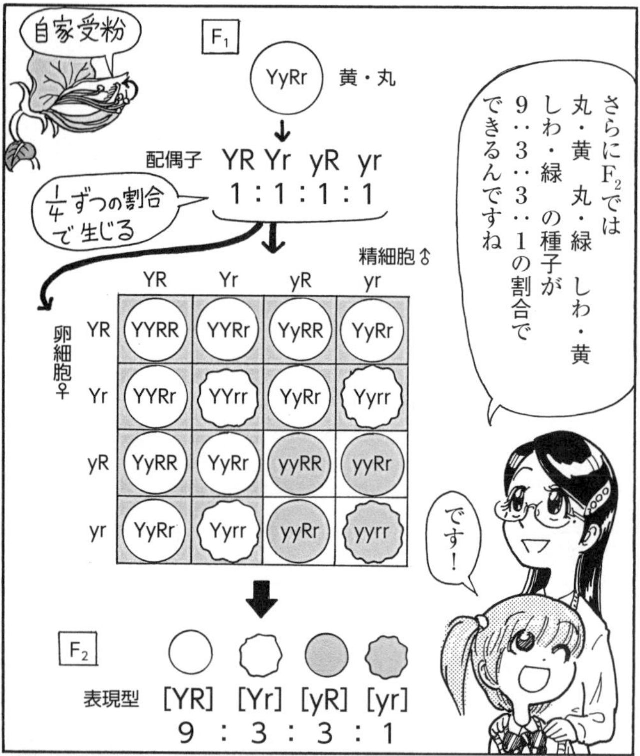
自家受粉
F1
YyRr 黄・丸
配偶子 YR Yr yR yr
1：1：1：1
1/4ずつの割合で生じる
精細胞♂
YR Yr yR yr
卵細胞♀
YR YYRR YYRr YyRR YyRr
Yr YYRr YYrr YyRr Yyrr
yR YyRR YyRr yyRR yyRr
yr YyRr Yyrr yyRr yyrr
F2
表現型 [YR] [Yr] [yR] [yr]
9：3：3：1
さらにF2では
丸・黄　丸・緑　しわ・黄
しわ・緑　の種子が
9：3：3：1の割合で
できるんですね
です！

メモ 表現型は現れる形質を遺伝子記号で表したもの

つまり種子の形と
子葉の色の遺伝子は
連動せず別個に
配偶子に分配される
これが独立の法則
顕性の法則
分離の法則
独立の法則
この3つが
メンデルの
法則ね
じつは
違ったり
する

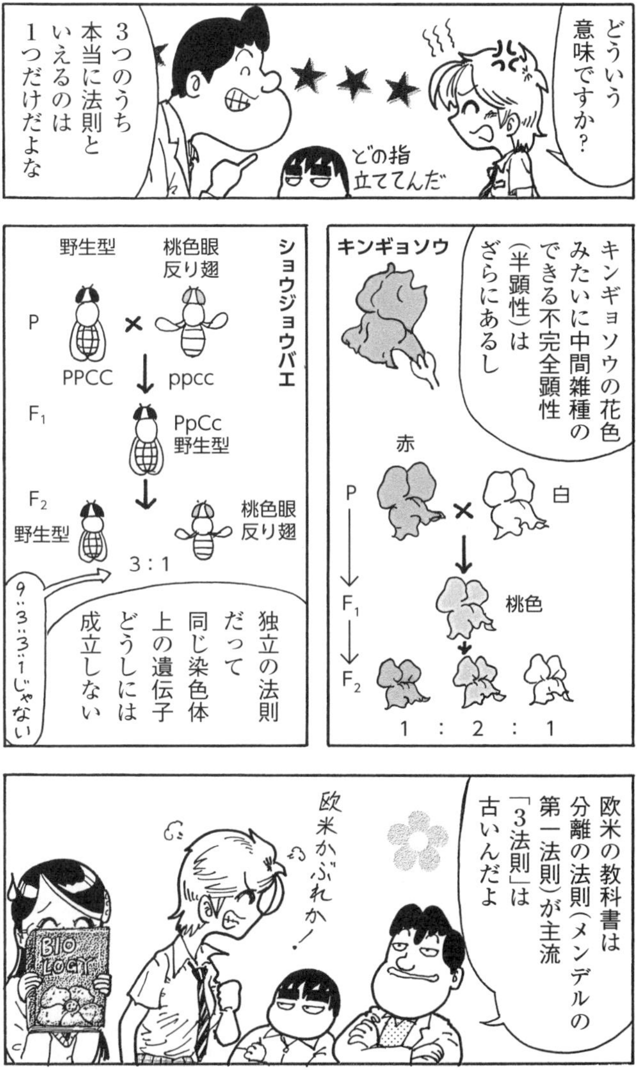
どういう意味ですか?
3つのうち本当に法則といえるのは1つだけだよな
どの指立ててんだ
キンギョソウの花色みたいに中間雑種のできる不完全顕性(半顕性)はざらにあるし
キンギョソウ
赤
P
白
F_1
桃色
F_2
1 : 2 : 1
ショウジョウバエ
野生型
桃色眼反り翅
P
×
PPCC
ppcc
F_1
PpCc 野生型
F_2
野生型
桃色眼反り翅
3 : 1
独立の法則だって同じ染色体上の遺伝子どうしには成立しない
9:3:3:1じゃない
欧米の教科書は分離の法則(メンデルの第一法則)が主流「3法則」は古いんだよ
欧米かぶれか!
BIO LOGY

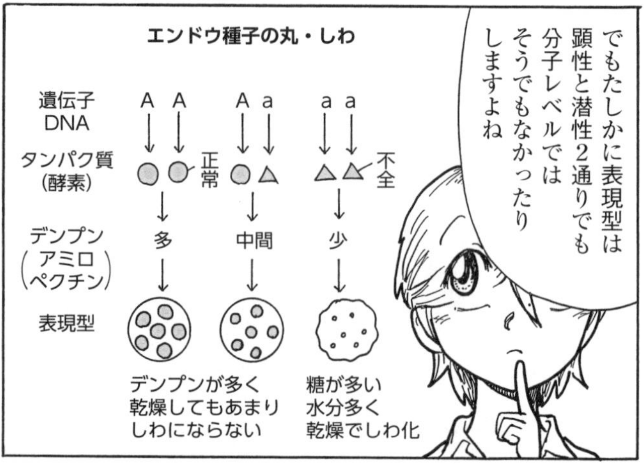
でもたしかに表現型は顕性と潜性2通りでも分子レベルではそうでもなかったりしますよね
エンドウ種子の丸・しわ
遺伝子
DNA
A A
A a
a a
タンパク質
(酵素)
正常
不全
デンプン
(アミロペクチン)
多
中間
少
表現型
デンプンが多く
乾燥してもあまり
しわにならない
糖が多い
水分多く
乾燥でしわ化

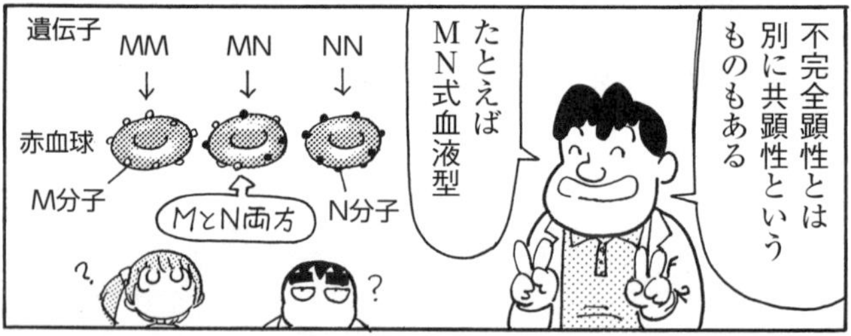
不完全顕性とは別に共顕性というものもある
たとえばMN式血液型
遺伝子
MM
MN
NN
赤血球
M分子
MとN両方
N分子
?
?

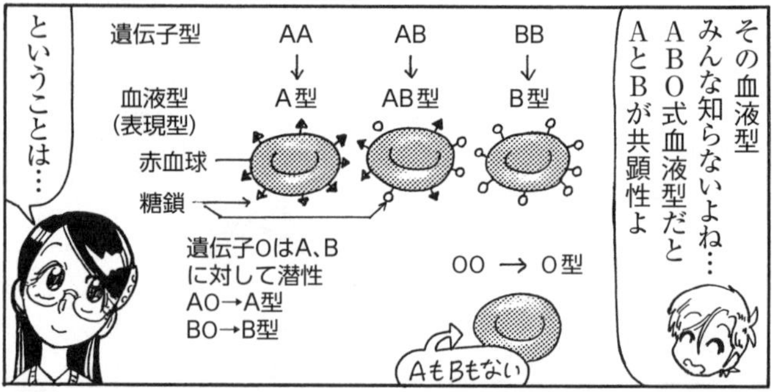
その血液型みんな知らないよね…ABO式血液型だとAとBが共顕性よ
ということは…
遺伝子型
AA
AB
BB
血液型
(表現型)
A型
AB型
B型
赤血球
糖鎖
遺伝子OはA、B
に対して潜性
AO→A型
BO→B型
OO → O型
AもBもない

メモ ABO式血液型の遺伝子のように3つ以上の遺伝子がアレルの関係にあるものを複対立遺伝子という

両親がA型×B型だと4種類の血液型どれも生まれる可能性があって
AB×OだとAB型・O型どちらも生まれないのですね
AO × BO
A O
B AB B
O A O
AB × OO
A B
O A B
親がAとBで子がAB以外ならO遺伝子をもっているとわかるね
そう 生まれた子の表現型で親の遺伝子型がわかる
これが遺伝学の醍醐味のひとつだ
ずいっ
たとえば髪の生え際のラインを決める遺伝子Wとwがあるのだが
富士額
富士額じゃない（以下「平額」）
この家系図を見て富士額は顕性（W）か潜性（w）かわかるか？
男 女
富士額
平額
夫婦
親
子
孫
えーと…

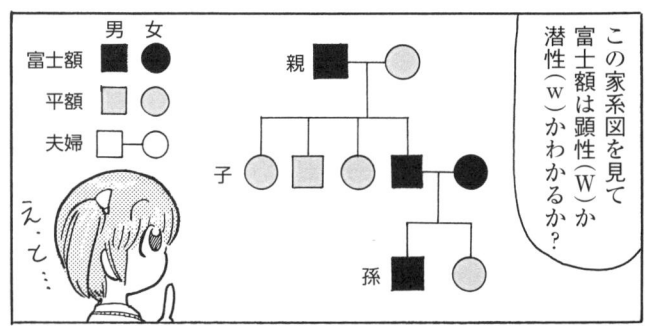

はい菜村
即答！
ひぁ!?
れれれれれれ
潜性です
そのこころは？
子どもが3対1で少ないほうが富士額だから…
ブー
3対1はヘテロのF_1を自家受精したときのF_2だろ
ポイントは子と孫の代富士額どうしの夫婦から平額が生まれている
平額が潜性wでWwの富士額に隠れてたわけだ
あんなせかされちゃちゃんと考えられないよね
富士額が顕性とわかればそれぞれの遺伝子型もいっきにわかる
平額の母はWをもたない潜性ホモ
平額の子がいるので父はwをもつヘテロ
Ww
ww
ww
ww
ww
Ww
Ww
WWかWw
ww
ホモ？

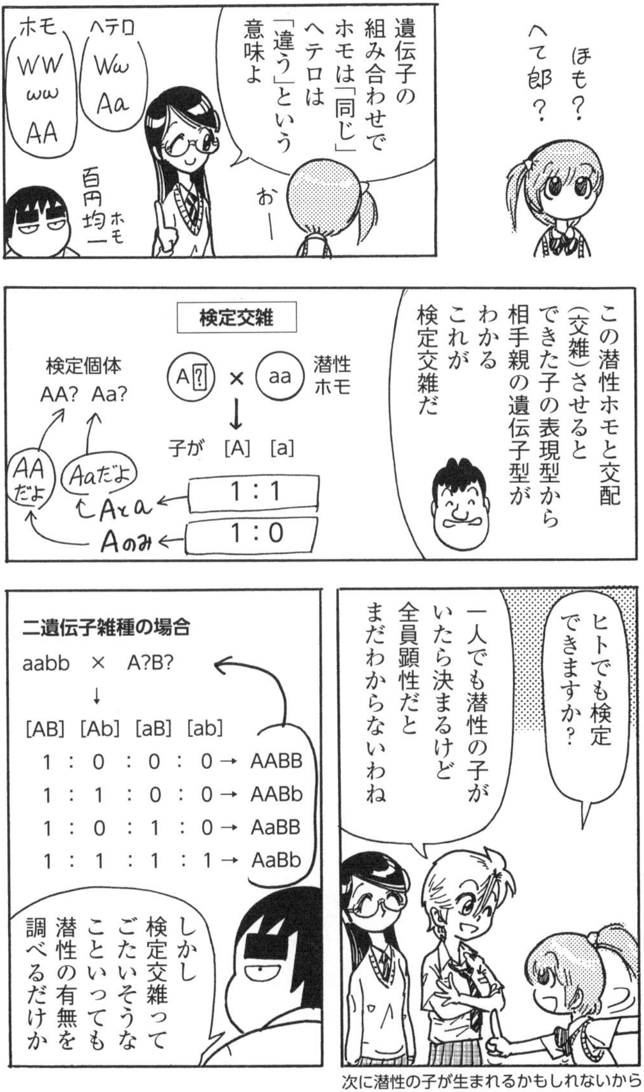
ほも？ へて郎？
遺伝子の組み合わせでホモは「同じ」ヘテロは「違う」という意味よ
おー
ヘテロ Ww Aa
ホモ WW ww AA
百円均一 ホモ
この潜性ホモと交配(交雑)させるとできた子の表現型から相手親の遺伝子型がわかる これが検定交雑だ
検定交雑
A? × aa 潜性ホモ
子が [A] [a]
1：1
1：0
検定個体 AA? Aa?
Aaだよ
AAだよ
Aとa
Aのみ
ヒトでも検定できますか？
一人でも潜性の子がいたら決まるけど全員顕性だとまだわからないわね
二遺伝子雑種の場合
aabb × A?B?
↓
[AB] [Ab] [aB] [ab]
1 : 0 : 0 : 0 → AABB
1 : 1 : 0 : 0 → AABb
1 : 0 : 1 : 0 → AaBB
1 : 1 : 1 : 1 → AaBb
しかし検定交雑ってごたいそうなこといってても潜性の有無を調べるだけか
次に潜性の子が生まれるかもしれないから

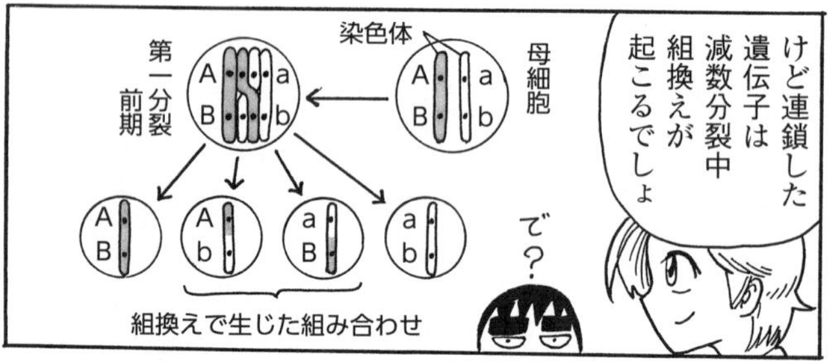
けど連鎖した遺伝子は減数分裂中組換えが起こるでしょ
で？
母細胞
染色体
A a B b
第一分裂前期
組換えで生じた組み合わせ

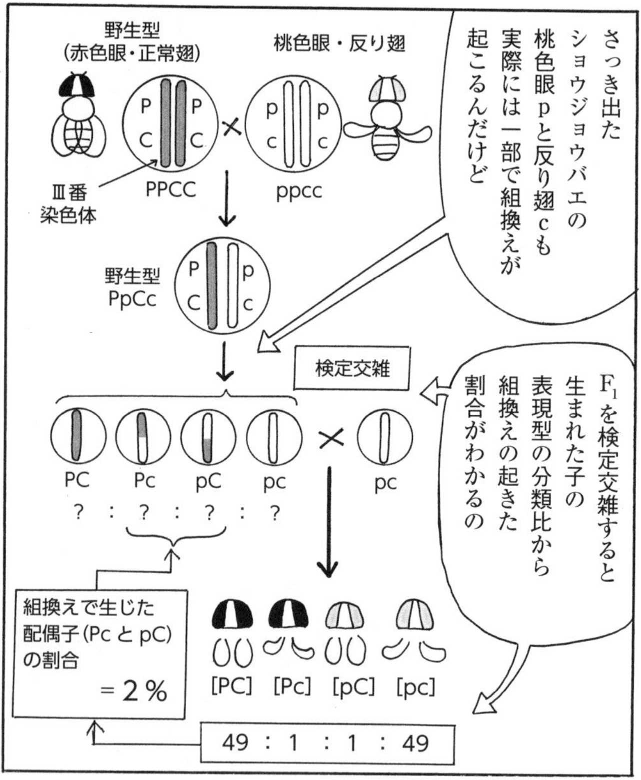
さっき出たショウジョウバエの桃色眼pと反り翅cも実際には一部で組換えが起こるんだけど
F_1を検定交雑すると生まれた子の表現型の分類比から組換えの起きた割合がわかるの
野生型
（赤色眼・正常翅）
桃色眼・反り翅
Ⅲ番染色体
PPCC
ppcc
野生型
PpCc
検定交雑
PC Pc pC pc
? : ? : ? : ?
pc
組換えで生じた配偶子（Pc と pC）の割合
＝2％
[PC] [Pc] [pC] [pc]
49 : 1 : 1 : 49

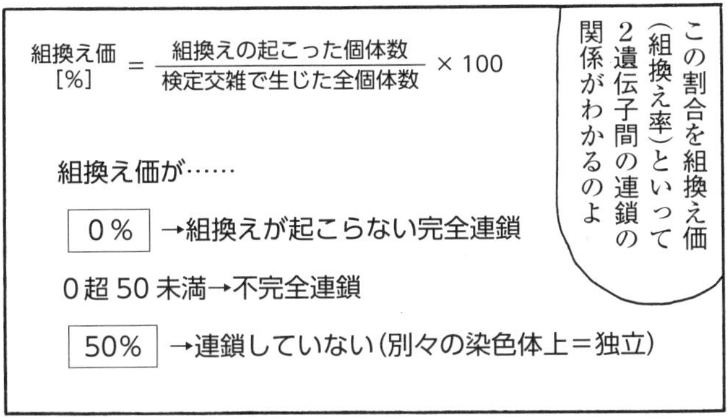
この割合を組換え価（組換え率）といって2遺伝子間の連鎖の関係がわかるのよ
組換え価[%] = 組換えの起こった個体数 / 検定交雑で生じた全個体数 × 100
組換え価が……
0％ →組換えが起こらない完全連鎖
0超50未満→不完全連鎖
50％ →連鎖していない（別々の染色体上＝独立）

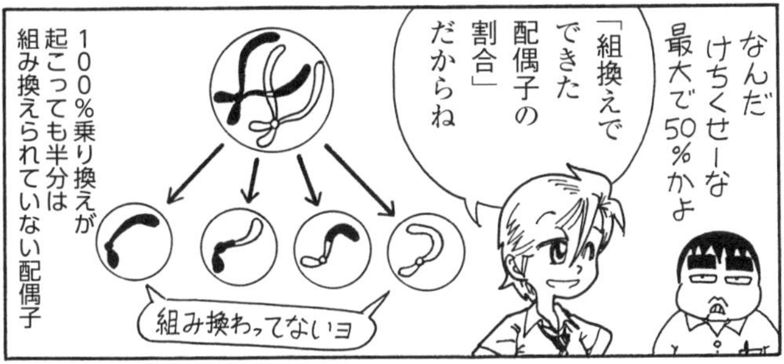
なんだけちくせーな最大で50％かよ
「組換えでできた配偶子の割合」だからね
100％乗り換えが起こっても半分は組み換えられていない配偶子
組み換わってないヨ

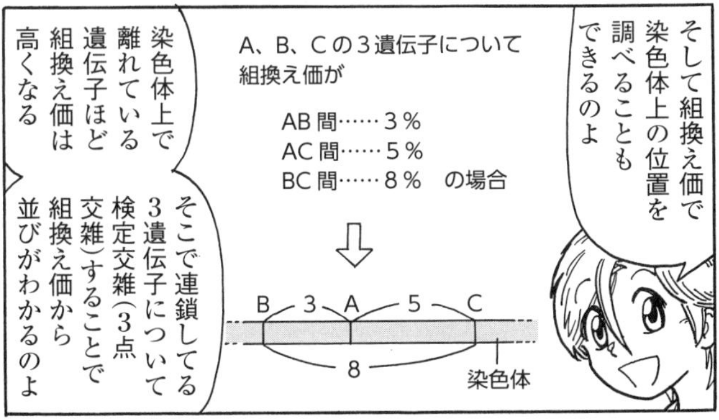
そして組換え価で染色体上の位置を調べることもできるのよ
A、B、Cの3遺伝子について組換え価が
AB間……3％
AC間……5％
BC間……8％　の場合
B 3 A 5 C
8
染色体
染色体上で離れている遺伝子ほど組換え価は高くなる
そこで連鎖してる3遺伝子について検定交雑（3点交雑）することで組換え価から並びがわかるのよ

こうして調べた遺伝子の位置（遺伝子座）を図にまとめた遺伝子地図が連鎖地図
黄体色
白眼
粗眼
切れ翅
0
10
20
だ腺染色体
1 2 3 4 5 6
遺伝子の位置を染色体の観察像と関連づけて作られたのが細胞学的地図
連鎖地図と細胞学的地図は遺伝子の配列順序は一致するが距離は一致しない
ヒトゲノムマップも染色体地図ですね
これはキイロショウジョウバエの染色体地図
Ⅰ (X) Ⅱ Ⅲ Ⅳ ♀ Y
0 20 44 66
0 13 67 72 100.5 107
26 48 50 91
目盛りの数字は組換え価1％に相当する遺伝子間相対距離よ
91.1
眼面粗雑
ro
100.7
葡萄色眼
ca
!
目盛りの数字が100超えてます！
組換え価は50％までじゃないですか？
そーだ変だぞ
ブヒブヒ
離れた遺伝子間は二重組換えがあるからね……遺伝地図は近い遺伝子間の組換え価を足して作っていくのよ

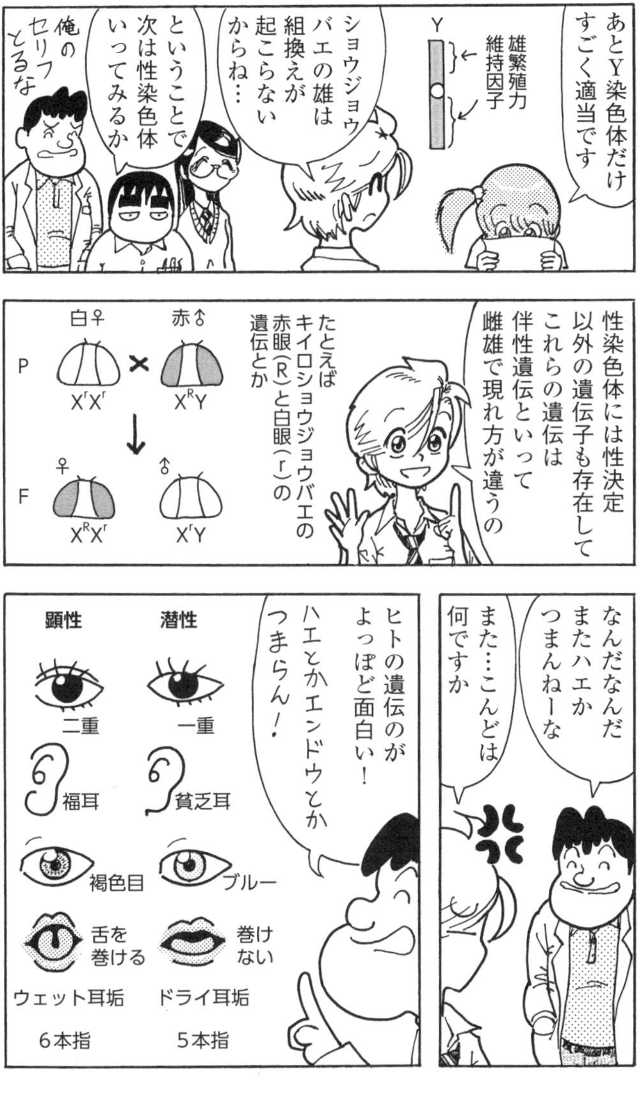
あとY染色体だけすごく適当です
Y
雄繁殖力維持因子
ショウジョウバエの雄は組換えが起こらないからね…
ということで次は性染色体いってみるか
俺のセリフとるな
性染色体には性決定以外の遺伝子も存在してこれらの遺伝は伴性遺伝といって雌雄で現れ方が違うの
たとえばキイロショウジョウバエの赤眼(R)と白眼(r)の遺伝とか
白♀
赤♂
P
X^rX^r
X^RY
F
♀
♂
X^RX^r
X^rY
なんだなんだまたハエかつまんねーな
また…こんどは何ですか
ヒトの遺伝のがよっぽど面白い!
ハエとかエンドウとかつまらん!
顕性
潜性
二重
一重
福耳
貧乏耳
褐色目
ブルー
舌を巻ける
巻けない
ウェット耳垢
ドライ耳垢
6本指
5本指

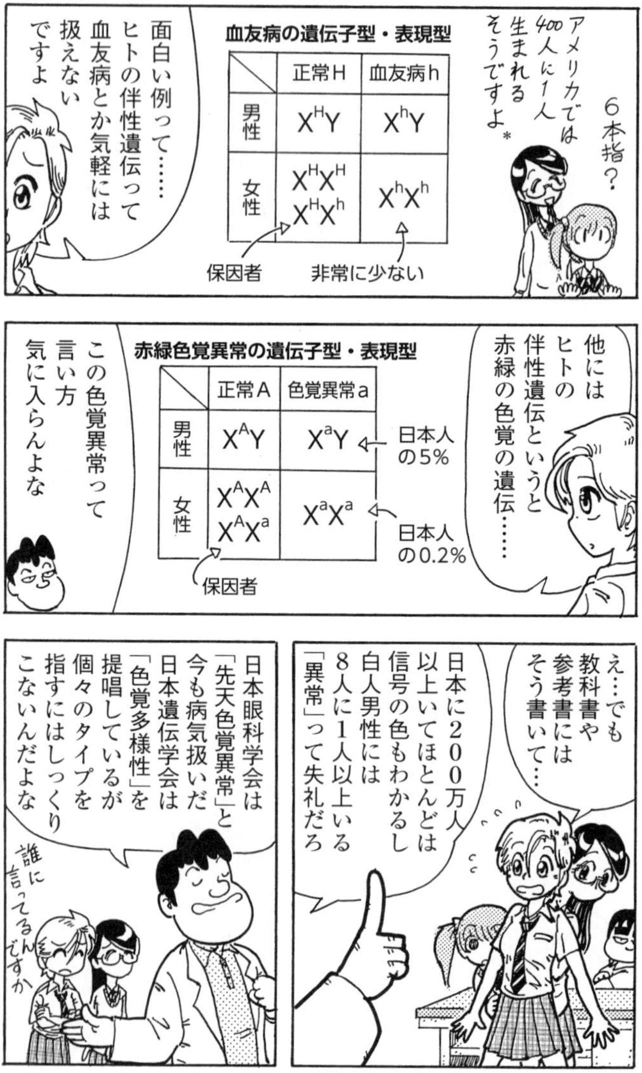
6本指？
アメリカでは400人に1人生まれるそうですよ＊
血友病の遺伝子型・表現型

	正常H	血友病h
男性	X^HY	X^hY
女性	X^HX^H X^HX^h	X^hX^h

保因者
非常に少ない
面白い例って……ヒトの伴性遺伝って血友病とか気軽には扱えないですよ
他にはヒトの伴性遺伝というと赤緑の色覚の遺伝……
赤緑色覚異常の遺伝子型・表現型

	正常A	色覚異常a
男性	X^AY	X^aY
女性	X^AX^A X^AX^a	X^aX^a

日本人の5%
日本人の0.2%
保因者
この色覚異常って言い方気に入らんよな
え…でも教科書や参考書にはそう書いて…
日本に200万人以上いてほとんどは信号の色もわかるし白人男性には8人に1人以上いる「異常」って失礼だろ
日本眼科学会は「先天色覚異常」と今も病気扱いだ日本遺伝学会は「色覚多様性」を提唱しているが個々のタイプを指すにはしっくりこないんだよな
誰に言ってるんですか

＊幼いうちに1本を手術で除去し5本指にすることが多い

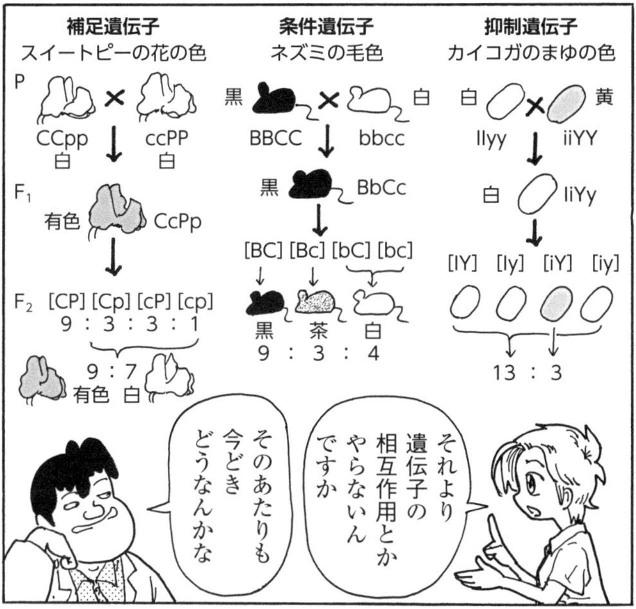
補足遺伝子
スイートピーの花の色
P
CCpp 白
ccPP 白
F1
有色 CcPp
F2 [CP] [Cp] [cP] [cp]
9 : 3 : 3 : 1
9 : 7
有色 白
条件遺伝子
ネズミの毛色
黒 白
BBCC bbcc
黒 BbCc
[BC] [Bc] [bC] [bc]
黒 茶 白
9 : 3 : 4
抑制遺伝子
カイコガのまゆの色
白 黄
IIyy iiYY
白 IiYy
[IY] [Iy] [iY] [iy]
13 : 3
それより遺伝子の相互作用とかやらないいんですか
そのあたりも今どきどうなんかな

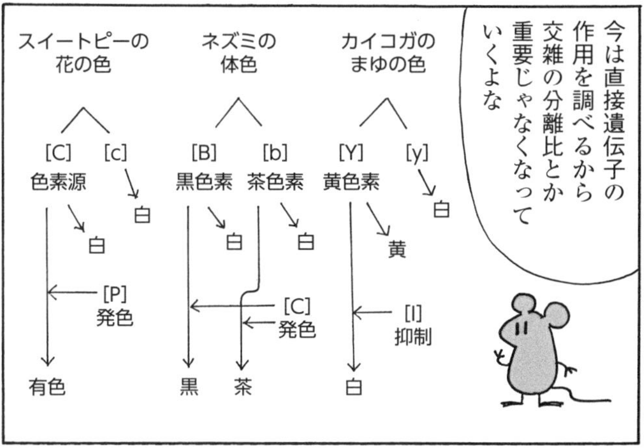
今は直接遺伝子の作用を調べるから交雑の分離比とか重要じゃなくなっていくよな
スイートピーの花の色
[C] [c]
色素源
白
白
[P]
発色
有色
ネズミの体色
[B] [b]
黒色素 茶色素
白 白
[C]
発色
黒 茶
カイコガのまゆの色
[Y] [y]
黄色素
白
黄
[I]
抑制
白

メンデルさん立場ないです
そうだ！多くの教師がネタに使うメンデルの悲劇
あれもいいかげんにせよと言いたい
またまたまた…
こんどはいったい何ですか
メンデルが遺伝の法則を論文発表したとき当時の学界に認められなかったことですか？
メラメラ
コ・ノ・ウ・ラ・ミ・・・
メラ
そう失意のどん底で死んだみたいに面白おかしく言われてるだろ
学者としては生前無名でも修道院長や銀行の頭取に出世しミツバチ繁殖やブドウの品種改良……地元の名士だったんだヨハンは
グレゴール・ヨハン・メンデルですね
友達かよ

まあ晩年は修道院の課税問題で泥沼にはまり敗北と病気が重なって死んじゃうんだけどな
ひでえ
そんなメンデルの法則を「再発見」したド・フリース　コレンス　チェルマクの3人　それぞれ自分で法則を発見した後メンデルの論文を見つけたというが各人の実験論文を見るとメンデルのを読んでつじつまを合わせたのバレバレだったりする
ド・フリース
コレンス
チェルマク
遺伝子が染色体の特定の場所に存在することを発見した米国のモーガンは「ハエ男」とよばれるほど汚くて……
ショウジョウバエ飼って実験してたんだよ
あの…先生
なにー
無駄話が多くないですか人の悪口とか…私に任せるって言ってたのに
それに字が多すぎ…
何を言うか菊樹部長!
お
先生のお話は大変面白くためになるではないか!
ちょ…

先生の話は ナスの花 万にひとつも 無駄がない！
必ず実がなるという意味ですね
私が悪者
?
木原大先生の おっしゃることは すべて正しい！
うんうん
ここ6週間 滞っている ケーキのおごりも 決してなくなった わけではなく
い?!
今週から 繰り越し分含め 週2回で再開する
ぷ
私たち考えを 組換えました 先生について 行きますので
ケーキの件も よろしく お願いします！
ううう 約束の 再発見 か……

Lesson11 ▶▶▶ バイオテクノロジー
さて今回のテーマだが
そもそもバイオテクノロジーとは何か？
バイオテクノロジー……日本語に直すと「生物工学」
高校では形質発現の項目の続きでちょっと扱う程度だが
それは実際に実用化されているバイオ活用技術のほんの一部にすぎない

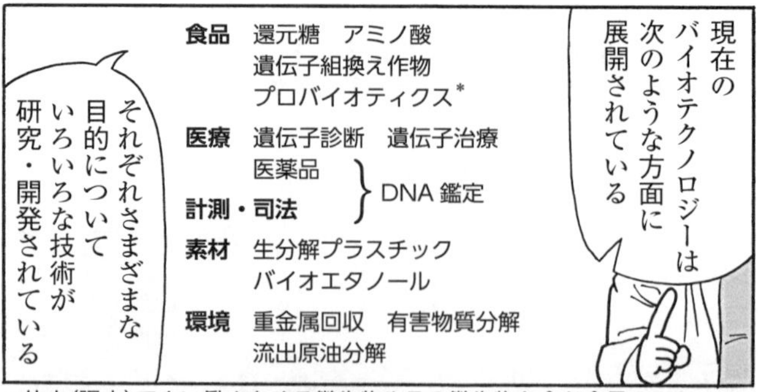
現在のバイオテクノロジーは次のような方面に展開されている
食品　還元糖　アミノ酸
遺伝子組換え作物
プロバイオティクス*
医療　遺伝子診断　遺伝子治療
医薬品
計測・司法
DNA鑑定
素材　生分解プラスチック
バイオエタノール
環境　重金属回収　有害物質分解
流出原油分解
それぞれさまざまな目的についていろいろな技術が研究・開発されている

*体内（腸内）でよい働きをする微生物やその微生物を含む食品のこと

つまり　医療（バイオ医学　遺伝子治療）や　農業・食品だけじゃなく　情報（バイオインフォマティクス）　環境（バイオレメディエーション）
化学（バイオケミカル）　電気・電子（バイオエレクトロニクス・バイオコンピュータ・バイオセンサ）　機械（バイオメカニクス）など　多彩な関連分野に……

……って　おーい!!
まくまく
ほむほむ

ケーキ買ってやってもそれで俺の話聞かないんじゃ意味ないだろ!!
じだんだ じだんだ
あーやだ もーやだ
みんなで分けられるロールケーキにしましたからお値段も手頃に抑えてますよ
大先生のぶんもちゃんとあるから安心しろ
先生が話すと1年生がついてこれない話がしばらく続くから
うぐう
おいしいお菓子食べたら眠くなりました
やーん
甘いモノならいくらでもつきあってやるゾ
今夜は帰らなくてもダイジョウブ♡
うそうそですよ
おもしろくねーよ!

それじゃ始めるぞ
バイオテクノロジーってのは要するに生物を活用した技術
昔から人間は生物の性質を操って利用してきたわけだが
biotech nology
その技術は大きく3つに分けられる
わかるか？
？
まずは発酵ね（生物に物質を作らせる）
コウジカビ〈糖化〉　乳酸菌〈乳酸発酵〉
酵母〈イースト〉〈アルコール発酵〉
酢酸菌〈酢酸発酵〉　etc.
日本酒　ワイン　パン　焼酎　ぬか漬け　くさや
キムチ　ヨーグルト　チーズ　発酵バター　紅茶
ナンプラー　みそ　醤油　かつおぶし　生ハム
納豆　お酢　みりん　なれずし　塩辛　アンチョビ
ナタデココ　シュールストレミング
ワインやビールは古代文明の頃から作られてますものね
！
正解！他は？
動物も植物も人が育てているものは
野生のものとは違ってますよね

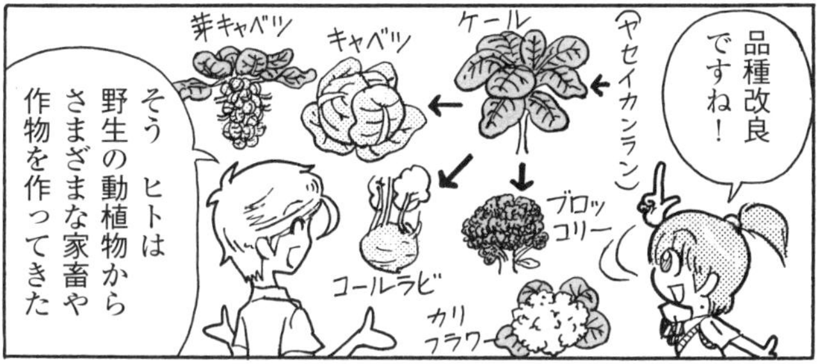
品種改良ですね!
(ヤセイカンラン)
ケール
キャベツ
芽キャベツ
ブロッコリー
コールラビ
カリフラワー
そう ヒトは野生の動植物からさまざまな家畜や作物を作ってきた

デリシャス ← スターキング ← 旭(マッキントッシュ) ← ウィジック
果物では枝変わりといって木の一部分に起こる突然変異でも新しい品種ができますね

ふじ←国光×デリシャス
王林←ゴールデン×印度
ジョナゴールド←ゴールデン×紅玉
人工授粉
もちろん交配で2つの品種の長所を兼ね備えた品種も作られてきたのよ

ネコのシャムとペルシャをかけてヒマラヤンとかね
ヒマラヤン
シャム
ペルシャ
タイ(シャム)とイラン(ペルシャ)の中間という意味なんですよね
誕生国はアメリカですけど
シャレかよ…ん?!

プラスワンポイント 11 突然変異（1）

ところで突然変異ってなんですか？
わかるようなわからないような
DNAの複製や細胞分裂の際にゲノムが変化することよ
生殖細胞に生じると子孫に遺伝するんですね

突然変異
- 遺伝子突然変異
- 染色体突然変異
  - 染色体の構造異常
  - 染色体数の変化 —
    - 倍数性
    - 異数性

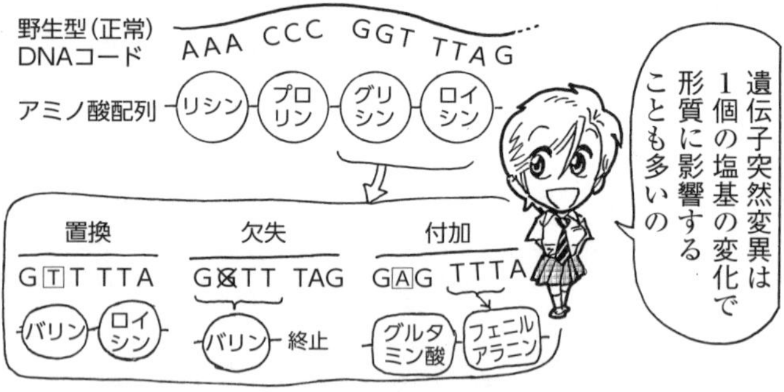

遺伝子突然変異は1個の塩基の変化で形質に影響することも多いの
野生型（正常）DNAコード
AAA CCC GGT TTAG
アミノ酸配列
リシン
プロリン
グリシン
ロイシン
置換
GTT TTA
バリン
ロイシン
欠失
GATT TAG
バリン
終止
付加
GAG TTTA
グルタミン酸
フェニルアラニン

これらの発生率は放射線（X線・γ線・紫外線）や特定の物質によって高まるんですね

●遺伝子突然変異の発生率
（配偶子１個あたり）

キイロショウジョウバエ
白眼　1/2万5000　黄体色　1/1万

ヒト　血友病　1/10万
ハンチントン病　1/100万

大腸菌
抗生物質への耐性　1/2億5000万

プラスワンポイント 12 突然変異（2）

染色体突然変異には染色体の構造異常と数の変化（倍数性と異数性）とがある

染色体の構造異常

減数分裂で対合した染色体が分離する際に生じる

正常
A B C D E

欠失
A C D E

重複
A B B C D E

逆位
A C B D E

転座
A B C D F G
（F G：他の染色体から）

倍数体

染色体の数が基本数の2倍（$2n$）以外の整数倍になっている

植物では自然界にふつうに見られます

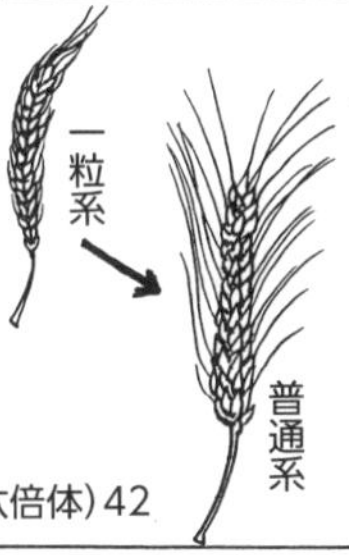

野生種（二倍体）染色体数14

パンコムギ（六倍体）42

異数体

1本単位の染色体数の異常

配偶子を作る減数分裂で2本の染色体が娘細胞に正しく分配されず起こる

ダウン症候群	第21染色体が3本	発育不全
クラインフェルター症候群	性染色体がXXY	外見男性 無精子
ターナー症候群	性染色体がXO	外見女性 卵巣不全

これらは$\frac{1}{10^3}$くらいの確率で誰にでも生じうる現象なのね

ちょ 待てよ ヒマラヤンがシャムとペルシャの子ならヒマラヤンの子はヒマラヤンにならなくねーか
!
お!
鋭いわね
ヒマラヤンがシャムとペルシャのF_1ならヒマラヤンどうしの子はいろいろな形質に分かれちゃうよね
①
P シャム AAbb × aaBB ペルシャ
[Ab] [aB]
F_1 ヒマラヤン AaBb[AB] の場合
F_2 [AB] [Ab] [aB] [ab]
9 : 3 : 3 : 1
ヒマ シャム ペル ?
②
P シャム AA × aa ペルシャ
F_1 ヒマラヤン Aa だとすると
F_2 AA : Aa : aa
1 : 2 : 1
実際にはシャムとペルシャのF_1でいろいろな形質が現れますね
動物の品種は同じ形質の個体どうしを何代も交配して固定する必要があるの

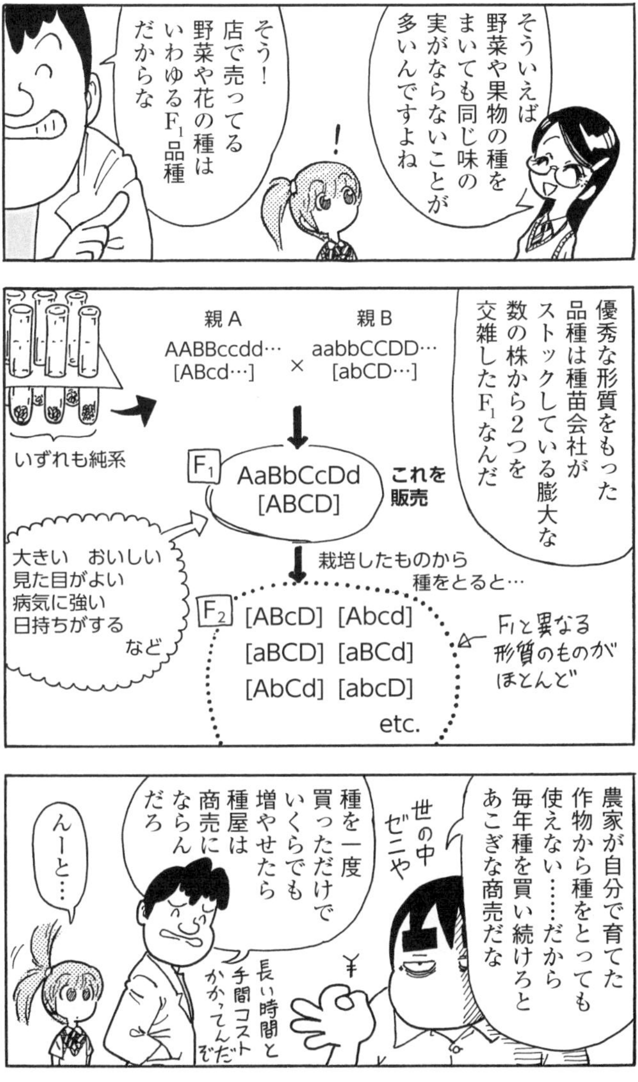
そういえば野菜や果物の種をまいても同じ味の実がならないことが多いんですよね
!
そう！店で売ってる野菜や花の種はいわゆるF_1品種だからな
優秀な形質をもった品種は種苗会社がストックしている膨大な数の株から2つを交雑したF_1なんだ
親A
AABBccdd…
[ABcd…]
×
親B
aabbCCDD…
[abCD…]
いずれも純系
F_1
AaBbCcDd
[ABCD]
これを販売
大きい　おいしい
見た目がよい
病気に強い
日持ちがする
など
栽培したものから種をとると…
F_2
[ABcD] [Abcd]
[aBCD] [aBCd]
[AbCd] [abcD]
etc.
F_1と異なる形質のものがほとんど
農家が自分で育てた作物から種をとっても使えない……だから毎年種を買い続けろとあこぎな商売だな
世の中ゼニや
¥
種を一度買っただけでいくらでも増やせたら種屋は商売にならんだろ
長い時間と手間コストかかってんだぞ
んーと…

ということはふじリンゴや二十世紀梨も1本の木でしか出せない味なんですか？
富士
そう その1本の木を増やすのが3つめのバイオテクノロジーね
サツマイモは種イモから出た芽を切って苗にするしブドウやイチジクも新しい枝を切って苗にするのよ
クローンですね！
品質がよいメロン
病気に強いカボチャ
メロンやキュウリはカボチャの苗に接ぎ木して育てるそうですよ
植物の場合体細胞が脱分化して枝などから根を出すことができるんだ
分化
脱分化
間期
細胞周期
分裂期
どの細胞も受精卵と同じ核をもっているですもんね
というわけでいよいよここから近代のバイオ技術についてだ

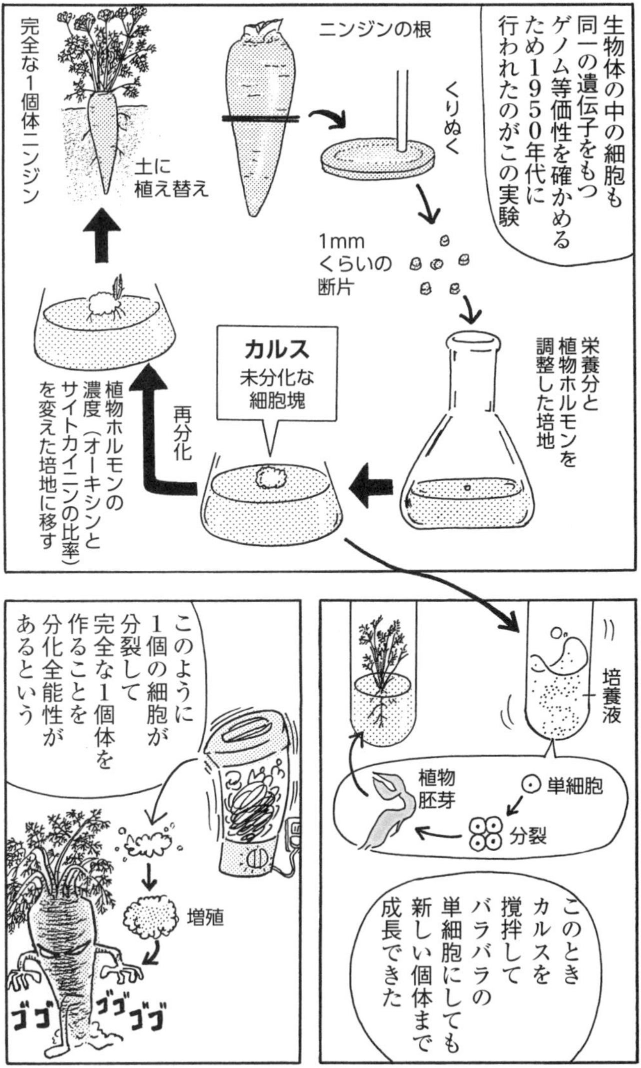
生物体の中の細胞も同一の遺伝子をもつゲノム等価性を確かめるため1950年代に行われたのがこの実験
ニンジンの根
くりぬく
1mm くらいの断片
栄養分と植物ホルモンを調整した培地
カルス
未分化な細胞塊
再分化
植物ホルモンの濃度（オーキシンとサイトカイニンの比率）を変えた培地に移す
土に植え替え
完全な1個体ニンジン
このときカルスを撹拌してバラバラの単細胞にしても新しい個体まで成長できた
培養液
単細胞
分裂
植物胚芽
このように1個の細胞が分裂して完全な1個体を作ることを分化全能性があるという
増殖
ゴゴ
ゴゴ
ゴゴ

植物すごいです！
しかし面倒くせーな種まいて育てたほうが早くね？
この方法で増やせるようになった植物もあるのよ
たとえば洋ラン
ランの仲間は種子がとても小さくて胚乳がないためふつうの土じゃ育たないの
胚
20μm
シンビジウムなどは株分けで増やす方法もあるんだけど
一度にたくさんは増やせないしウイルスに感染すると新しい株にも残るのよ
茎頂分裂組織
茎頂分裂組織の細胞を培養すればウイルス感染していない株を増やせるわけ
昔は1鉢数万円以上したそうですけど今は数千円から手に入りますね
誰だ
祝

それなのに動物は…クシクラゲなんて2細胞期の割球でもうダメでした
受精卵
正常
レッスン9での話ね
それじゃヒトはいつまで分化全能性があると思う?
1? 2? それとも4?
なんと胞胚(胚盤胞)期よ
胚盤胞
内部細胞
へー
だから一卵性双生児はこの内部細胞塊の段階で分かれても生まれるわけね
そこで優良な肉質の和牛の子を人工的に双子に増やす技術がある
優秀な雄牛(父)と母牛の遺伝子を受け継いだ受精卵
受精後7～8日取り出す
桑実胚
分割
代理母牛に移植
優良な「双子」の和牛
強制借り腹人間のエゴだ!
それじゃ今日の内容全否定だよ

けどこれじゃ子どもの形質は育ってみないとわからないですね
優秀な親からヘッポコピーな子が生まれんとも限らんだろ
そこで行われたのは成長した個体から体細胞の核を取って卵に入れる実験よ
やあどうも

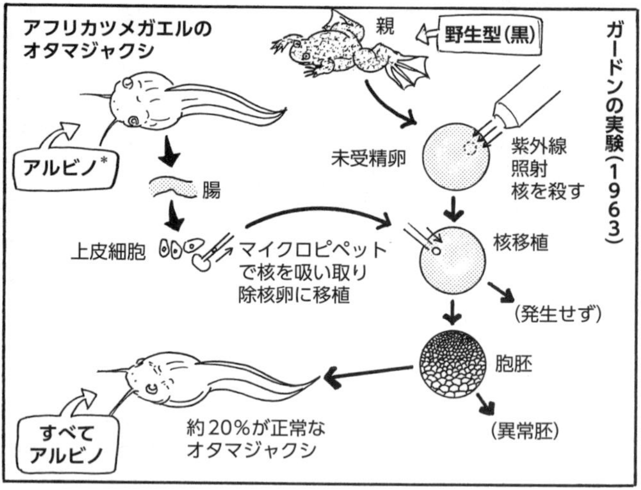
ガードンの実験（1963）
アフリカツメガエルのオタマジャクシ
親
野生型（黒）
アルビノ*
腸
上皮細胞
マイクロピペットで核を吸い取り除核卵に移植
未受精卵
紫外線照射
核を殺す
核移植
（発生せず）
胞胚
（異常胚）
すべてアルビノ
約20%が正常なオタマジャクシ

*アルビノは白化個体とも呼ばれ、突然変異でメラニン色素が合成されなくなったものをいう

お前か
やりましたね！
でもカエルじゃなくてオタマの核なんですね
それなんだけどね…

メモ ガードン博士は2012年、山中伸弥教授のiPS細胞の研究とともにノーベル生理学・医学賞を受賞

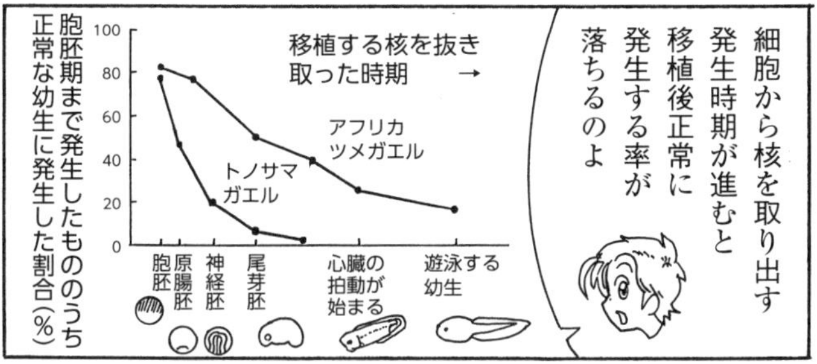
細胞から核を取り出す発生時期が進むと移植後正常に発生する率が落ちるのよ
移植する核を抜き取った時期 →
胞胚期まで発生したもののうち正常な幼生に発生した割合(%)
100
80
60
40
20
0
アフリカツメガエル
トノサマガエル
胞胚
原腸胚
神経胚
尾芽胚
心臓の拍動が始まる
遊泳する幼生

トノサマガエルはふ化後の細胞の核だと全滅です……
そこで核を受精卵の状態にリセットする技術が必要となる

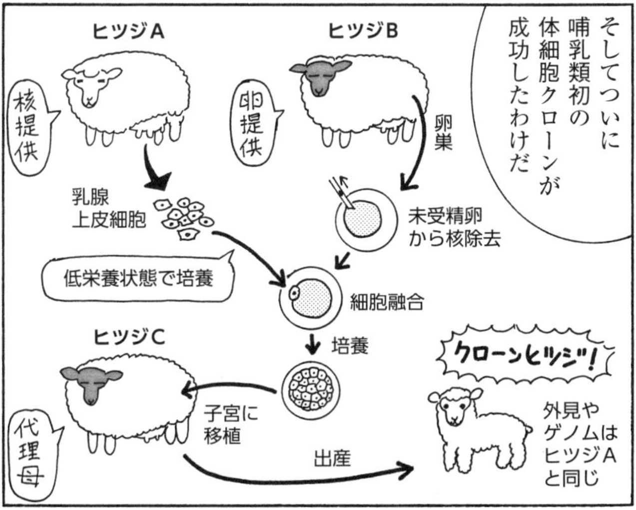
そしてついに哺乳類初の体細胞クローンが成功したわけだ
ヒツジB
卵提供
卵巣
未受精卵から核除去
ヒツジA
核提供
乳腺上皮細胞
低栄養状態で培養
細胞融合
培養
ヒツジC
代理母
子宮に移植
出産
クローンヒツジ!
外見やゲノムはヒツジAと同じ

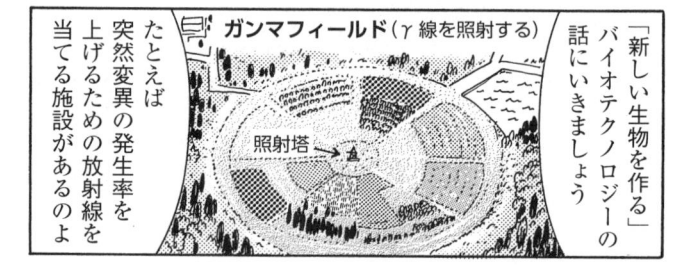

これが1997年に発表されたクローンヒツジ
ドリーですね
これに続いてマウス・ネコ・ウシ・ウマ・ブタなどでも成功した
初のクローンネコ「コピーキャット」
大人の細胞の核から生まれたクローンだけに
ふけた子が生まれたりしてな
ドリーは高齢のヒツジに多い関節炎や肺病にかかって6歳で安楽死になってしまったそうよ
マジ!?
その件についてはテロメアが短いからとかいろいろ言われたが要は完全にはリセットされてなかったって問題だわなこれはDNAメチル化やヒストンのアセチル化で遺伝子発現の
そ　それじゃ生物を増やす話はこのくらいにして
「新しい生物を作る」バイオテクノロジーの話にいきましょう
ガンマフィールド（γ線を照射する）
照射塔
たとえば突然変異の発生率を上げるための放射線を当てる施設があるのよ

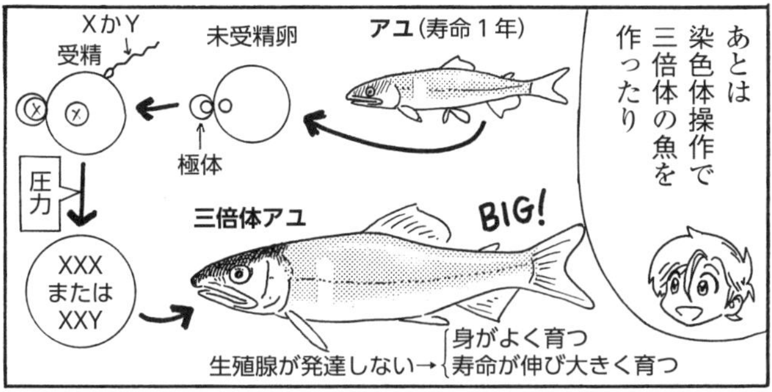

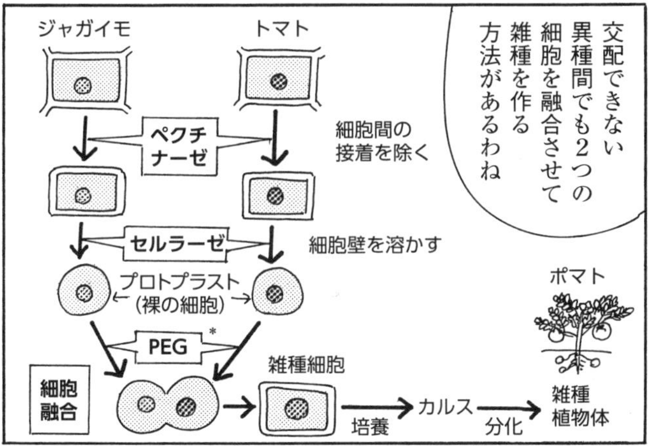

＊PEG＝ポリエチレングリコール

プラスワンポイント 13 品種改良の例（金魚）

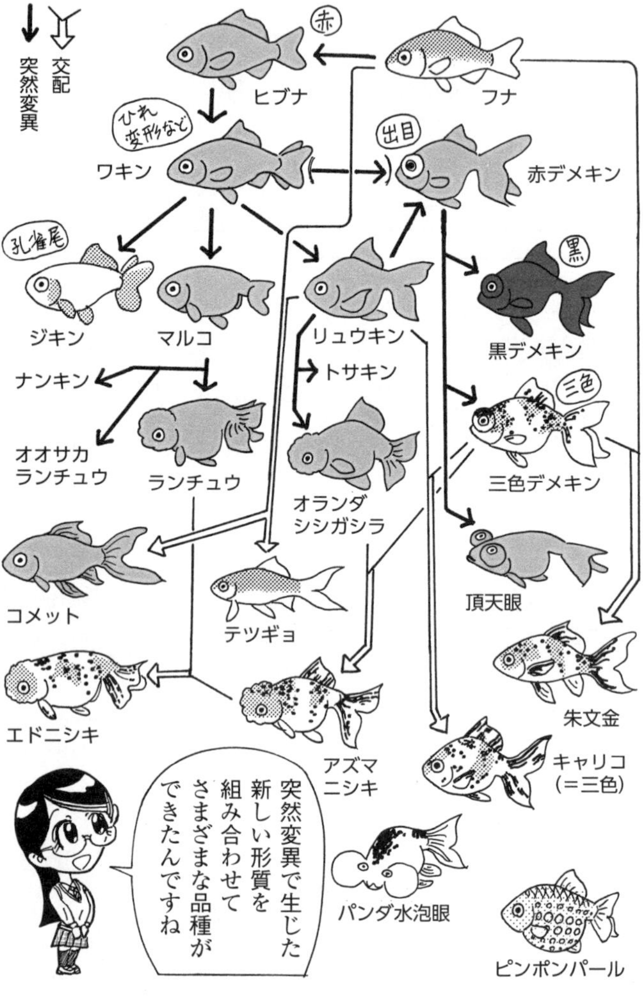

突然変異
交配
赤
ヒブナ
フナ
ひれ変形など
ワキン
出目
赤デメキン
孔雀尾
ジキン
マルコ
リュウキン
黒
黒デメキン
ナンキン
トサキン
三色
三色デメキン
オオサカランチュウ
ランチュウ
オランダシシガシラ
頂天眼
コメット
テツギョ
朱文金
エドニシキ
アズマニシキ
キャリコ（＝三色）
突然変異で生じた新しい形質を組み合わせてさまざまな品種ができたんですね
パンダ水泡眼
ピンポンパール

それじゃ始めるぞ
まず
は
遺伝子組換えだ
とっととやれよ
たとえば大腸菌にインスリン＊を合成させる技術だな
糖尿病の薬になる
大腸でお薬……まさか出たものを集めるですか!?
もじっ
やんねーよ！

＊すい臓から分泌されるホルモンの一種。血糖値を下げる働きがある

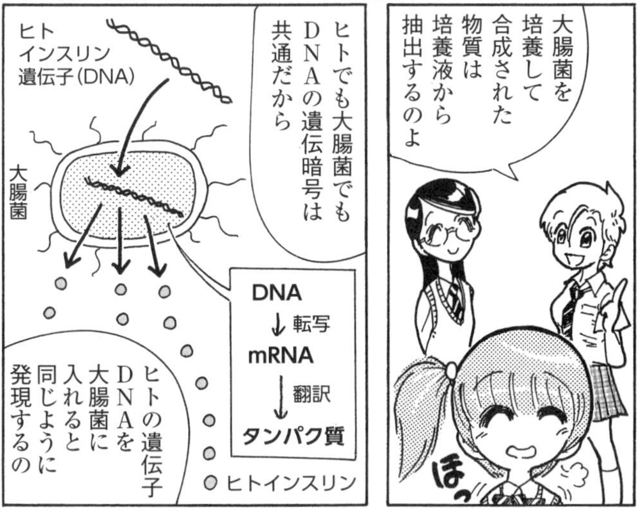
大腸菌を培養して合成された物質は培養液から抽出するのよ
ほっ
ヒトでもDNAの遺伝暗号は共通だから
ヒト
インスリン
遺伝子(DNA)
大腸菌
DNA
転写
mRNA
翻訳
タンパク質
ヒトの遺伝子DNAを大腸菌に入れると同じように発現するの
ヒトインスリン

ヒトのＤＮＡを混ぜると大腸菌が変わるですか?
混ぜるだけじゃ確率が低すぎるから
ベクターを使うわね
べくたー?
DNA
ＤＮＡの運び屋となるもののことよ
His Master's voice
ベクターにはウイルスを使うこともあるけど大腸菌だとプラスミドが一番ね
細菌の染色体
プラスミド
これは細菌が染色体ＤＮＡとは別にもっている小さな環状ＤＮＡなの

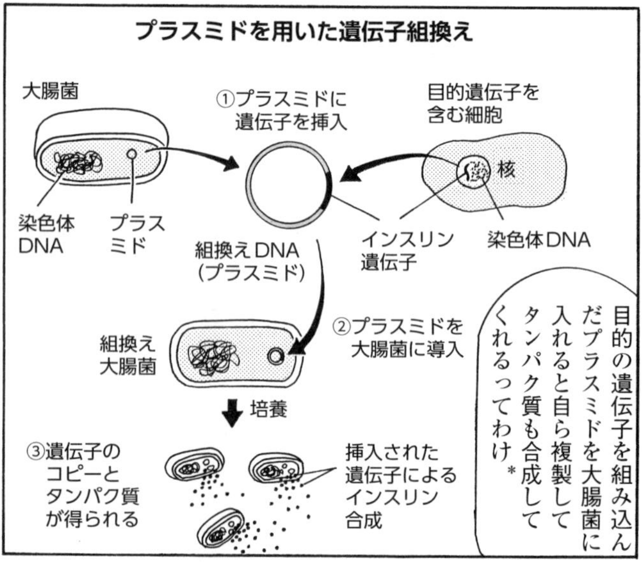
プラスミドを用いた遺伝子組換え
大腸菌
①プラスミドに遺伝子を挿入
目的遺伝子を含む細胞
核
染色体DNA
プラスミド
組換えDNA(プラスミド)
インスリン遺伝子
染色体DNA
②プラスミドを大腸菌に導入
組換え大腸菌
培養
③遺伝子のコピーとタンパク質が得られる
挿入された遺伝子によるインスリン合成
目的の遺伝子を組み込んだプラスミドを大腸菌に入れると自ら複製してタンパク質も合成してくれるってわけ*

＊大腸菌はスプライシングを行わないため、実際には遺伝子そのものではなく、mRNAから逆転写して作ったcDNA(相補的DNA)を用いる

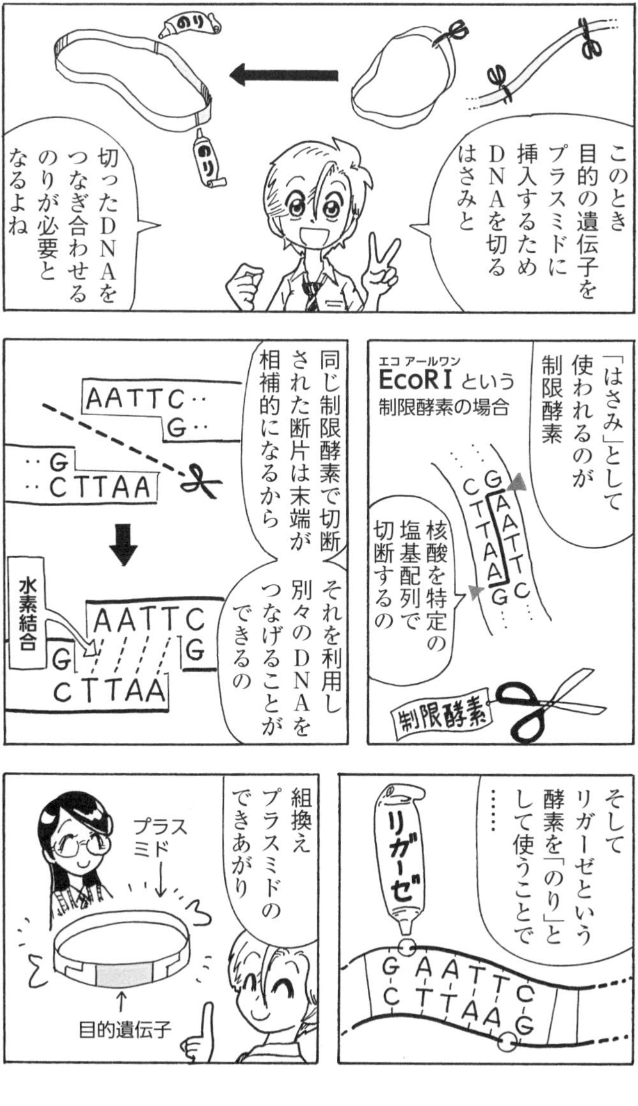
のり
のり
このとき目的の遺伝子をプラスミドに挿入するためDNAを切るはさみと
切ったDNAをつなぎ合わせるのりが必要となるよね
「はさみ」として使われるのが制限酵素
Eco《エコ》RⅠ《アールワン》という制限酵素の場合
G AATTC
CTTAA G
核酸を特定の塩基配列で切断するの
制限酵素
同じ制限酵素で切断された断片は末端が相補的になるから
AATTC
G
G
CTTAA
水素結合
AATTC
G
G
CTTAA
それを利用し別々のDNAをつなげることができるの
そしてリガーゼという酵素を「のり」として使うことで……
リガーゼ
GAATTC
CTTAAG
組換えプラスミドのできあがり
プラスミド
目的遺伝子

これが大腸菌に入ると…
ヒトのインスリンを合成してくれるようになるわけ
チン
ジャラ
ジャラ
ジャラ
ジャラ
インスリン
増殖！
ジャラ
ジャラ
ジャラ
ジャラ
どんどん増えていきます
こういう細菌は酵素入り洗剤や飲み物などの「果糖ぶどう糖液糖」（転化糖）バイオエタノールの製造や排水処理で利用されているぞ
バイオリアクタ
原料
タンク
細菌を固定したビーズ
産物
おい聞いてると なんか すごくチョロいな
細菌にDNA入れるのそんな百発百中か？
組換えも細菌への導入もうまくいくのはほんのごく一部よ
ほとんどが失敗ですか…
成功したものを選んで増やすのよ

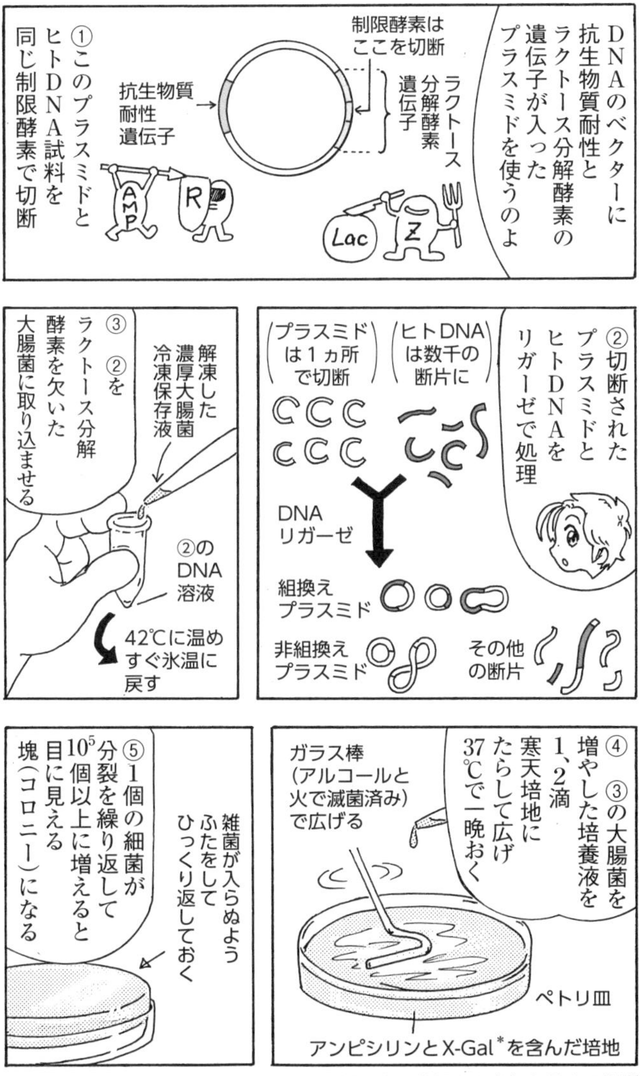
DNAのベクターに抗生物質耐性とラクトース分解酵素の遺伝子が入ったプラスミドを使うのよ
制限酵素はここを切断
ラクトース分解酵素遺伝子
抗生物質耐性遺伝子
Lac
Z
R
AMP
①このプラスミドとヒトDNA試料を同じ制限酵素で切断
②切断されたプラスミドとヒトDNAをリガーゼで処理
(ヒトDNAは数千の断片に)
(プラスミドは1ヵ所で切断)
DNAリガーゼ
組換えプラスミド
非組換えプラスミド
その他の断片
③ ②をラクトース分解酵素を欠いた大腸菌に取り込ませる
解凍した濃厚大腸菌冷凍保存液
②のDNA溶液
42℃に温めすぐ氷温に戻す
④ ③の大腸菌を増やした培養液を1、2滴寒天培地にたらして広げ37℃で一晩おく
ガラス棒(アルコールと火で滅菌済み)で広げる
ペトリ皿
アンピシリンとX-Gal*を含んだ培地
⑤1個の細菌が分裂を繰り返して10⁵個以上に増えると目に見える塊(コロニー)になる
雑菌が入らぬようふたをしてひっくり返しておく

＊X-Galはラクトース分解酵素で分解され青色を呈する物質

プラスミドの入らなかった大腸菌はアンピシリンの耐性がないので増殖できない
非組換えプラスミドの入った大腸菌はX-Galを分解するため青いコロニーを作る
組換えプラスミドが入った大腸菌はX-Galを分解できないため*白いコロニーを作る
切れてる→白
切れてない→青
つまり白いコロニーだけが組換えプラスミドの入った大腸菌というわけですね
その中から目的の遺伝子が入ったコロニーを選び出してその大腸菌だけを培養するのよ
この技術は組換え細菌にいろいろな物質を作らせたりする応用面でも重要だが基礎研究の材料としても非常に有用だ
遺伝子のコピー
タンパク質
遺伝子の基礎研究
・発育不良の人のための成長ホルモン
・心臓発作の治療に使う血栓溶解タンパク質
・流出重油などの廃棄物を浄化する細菌
・遺伝子組換え作物　など
キタキタキター

*組換えプラスミドではラクトース分解酵素遺伝子が切断されてしまうので働かない

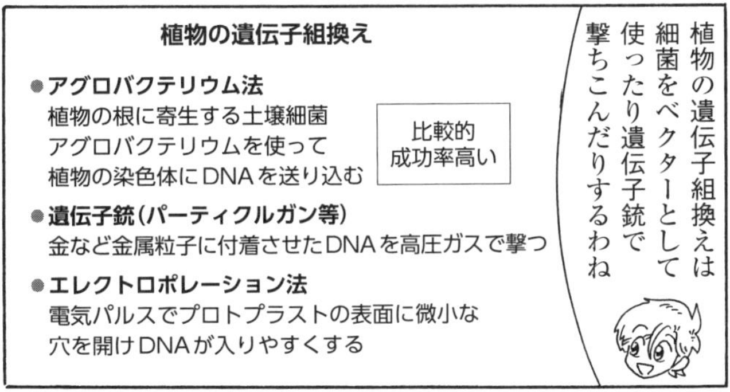
植物の遺伝子組換えは細菌をベクターとして使ったり遺伝子銃で撃ちこんだりするわね
植物の遺伝子組換え
●アグロバクテリウム法
植物の根に寄生する土壌細菌アグロバクテリウムを使って植物の染色体にDNAを送り込む
比較的成功率高い
●遺伝子銃(パーティクルガン等)
金など金属粒子に付着させたDNAを高圧ガスで撃つ
●エレクトロポレーション法
電気パルスでプロトプラストの表面に微小な穴を開けDNAが入りやすくする

ああ魅惑の遺伝子組換え植物!
撃たせろ遺伝子銃
バキューン
バキューン
実用化されている遺伝子組換え(GM)植物
●フレーバーセーバー
(日持ちのよいトマト)
●グリホサート(除草剤)耐性
●ガの幼虫に食われないトウモロコシ
(Bt菌の殺虫毒素をもつ)
●高オレイン酸大豆
●ビタミンA強化イネ

うちの部でも何かやろうぜ俺の遺伝子てきとーに混ぜたらすげー野菜できたりして
オラワクワクしてきたゾ
巨ダイコンとか超テンサイとか
遺伝子組換えは組換え生物が外部に拡散しないよう厳重に管理しないといけないから品種改良とかうちじゃ無理ね

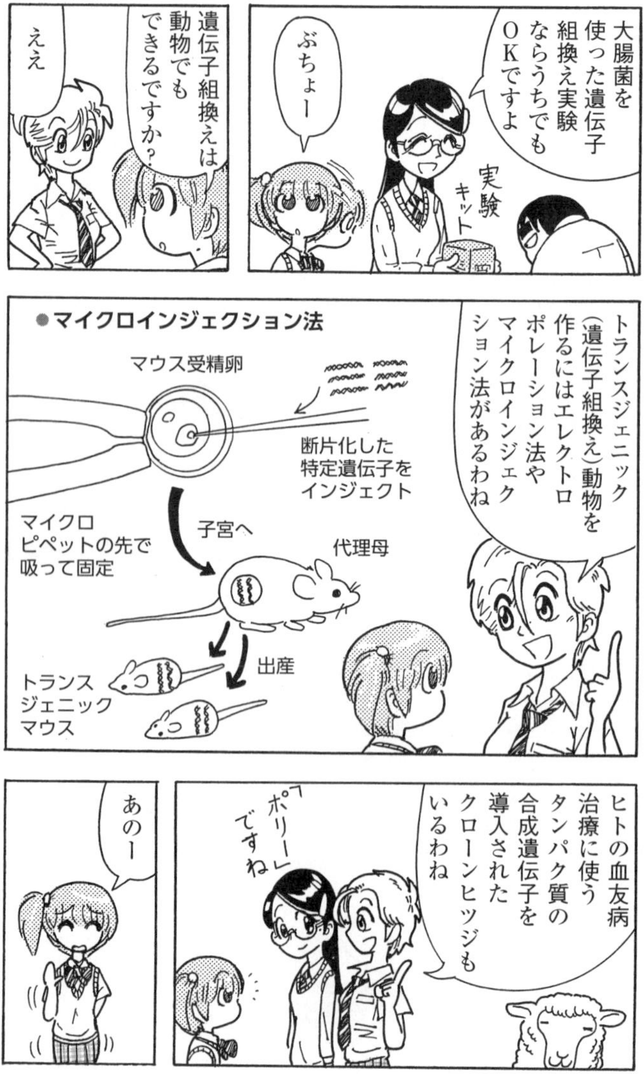
大腸菌を使った遺伝子組換え実験ならうちでもOKですよ
実験キット
ぶちょー
遺伝子組換えは動物でもできるですか？
ええ
トランスジェニック（遺伝子組換え）動物を作るにはエレクトロポレーション法やマイクロインジェクション法があるわね
●マイクロインジェクション法
マウス受精卵
断片化した特定遺伝子をインジェクト
マイクロピペットの先で吸って固定
子宮へ
代理母
出産
トランスジェニックマウス
ヒトの血友病治療に使うタンパク質の合成遺伝子を導入されたクローンヒツジもいるわね
「ポリー」ですね
あのー

遺伝子組換えのDNAって大腸菌を使わないで増やす方法ってないんですか？
あるわよ
インヴィトロ（試験管内）でできる方法が
PCR法というんだけど
Polymerase Chain Reaction
［ポリメラーゼ連鎖反応］
これはごく少ない試料でも純粋でなくても目的の遺伝子（塩基配列）だけを急速に増幅できる方法よ
数時間で数十億倍！
1980年代に原理を考案したマリスさんはノーベル賞を受賞されたんですよ
Kary Mullis
ドライブ中に思いつきました
キリッ
用意するのは
●増幅させるもとのDNA
●DNAの材料となるヌクレオチド
●DNAポリメラーゼ（合成酵素）
そして
●プライマーね
プライマー…って？
何でしたっけ？
目的の遺伝子の両端だけに相補的な短めの1本鎖DNAよ

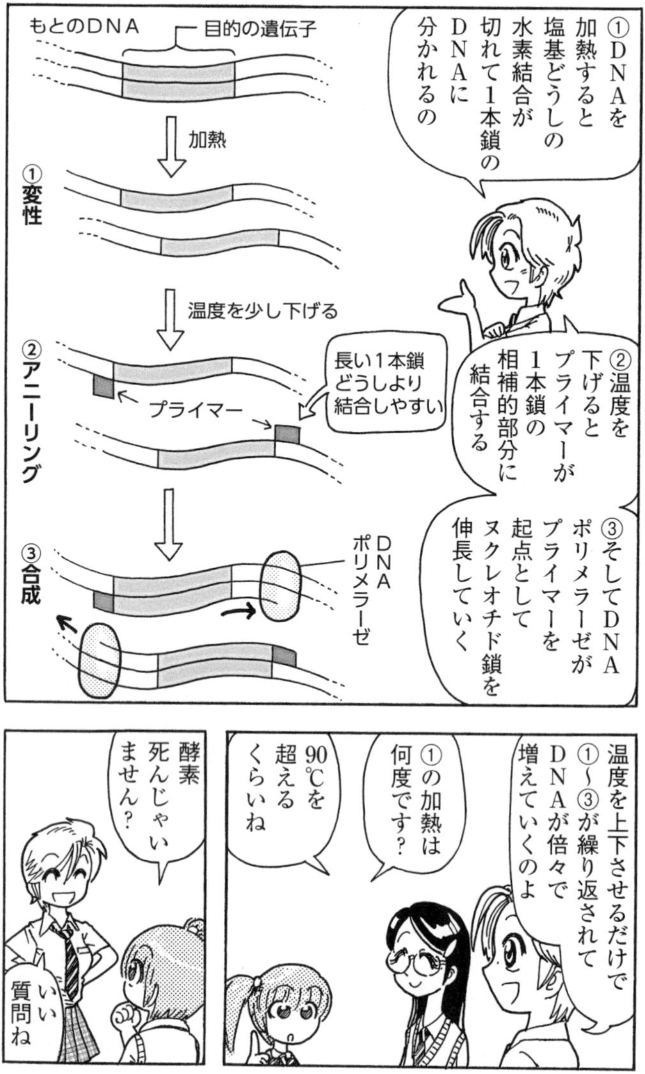
①DNAを加熱すると塩基どうしの水素結合が切れて1本鎖のDNAに分かれるの
もとのDNA
目的の遺伝子
加熱
①変性
温度を少し下げる
②アニーリング
プライマー
長い1本鎖どうしより結合しやすい
③合成
DNAポリメラーゼ
②温度を下げるとプライマーが1本鎖の相補的部分に結合する
③そしてDNAポリメラーゼがプライマーを起点としてヌクレオチド鎖を伸長していく
温度を上下させるだけで①～③が繰り返されてDNAが倍々で増えていくのよ
①の加熱は何度です？
90℃を超えるくらいね
酵素死んじゃいません？
いい質問ね

100℃以上でも生育できる超好熱細菌のDNAポリメラーゼを使っているのよ
サーモコッカス
コダカラエンシス
トカラ列島小宝島沖で見つかったこの細菌の酵素 PCR用に大ヒット商品だ

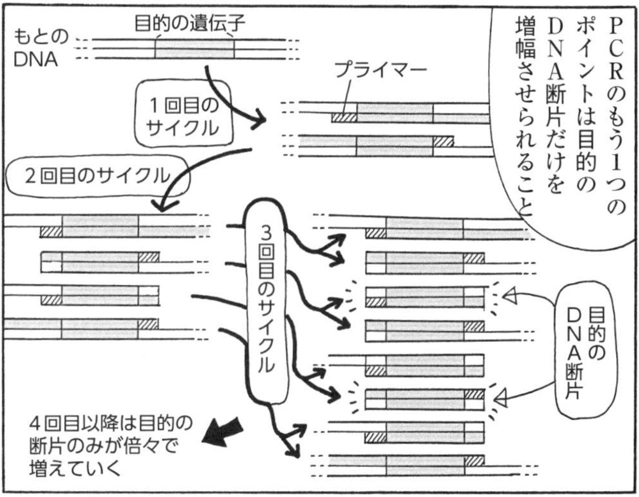
PCRのもう1つのポイントは目的のDNA断片だけを増幅させられること
目的の遺伝子
もとのDNA
プライマー
1回目のサイクル
2回目のサイクル
3回目のサイクル
目的のDNA断片
4回目以降は目的の断片のみが倍々で増えていく

これが卓上の機械で全自動でできちゃうの
あるのかよ
こうして増やしたDNA試料を塩基配列の解析やDNA鑑定に使うわけだ

DNA鑑定は2つの試料が同一人物か調べるとき何を比べると思う？
塩基配列が同じかどうかじゃないですか？
たぶん違うな
それはちょっと大変ね……
鑑定するにはまずDNAを採取するよね
・皮膚
・血液（白血球など）
・だ液（口腔上皮細胞）
・髪の毛（毛根の細胞）
綿棒で取る
次にPCR法で増やしたDNAを制限酵素で切る
アガロース（寒天）ゲルにDNAを注入
色素液を加えてある
固める際に穴を開けてある
電気泳動液に浸かっている
食べちゃダメよ
ボケようと思ったのに
チッ
このゲルに電圧をかけるとDNAは陽極のほうに移動する
泳動液
ゲル
⊖
⊕
DNAと結合する染色剤を加え紫外線を当てると酵素で切断された断片が蛍光を発して見えるようになる
長い分子
短い分子
紫外線で目を傷めないようにね
ピンクに光ってます

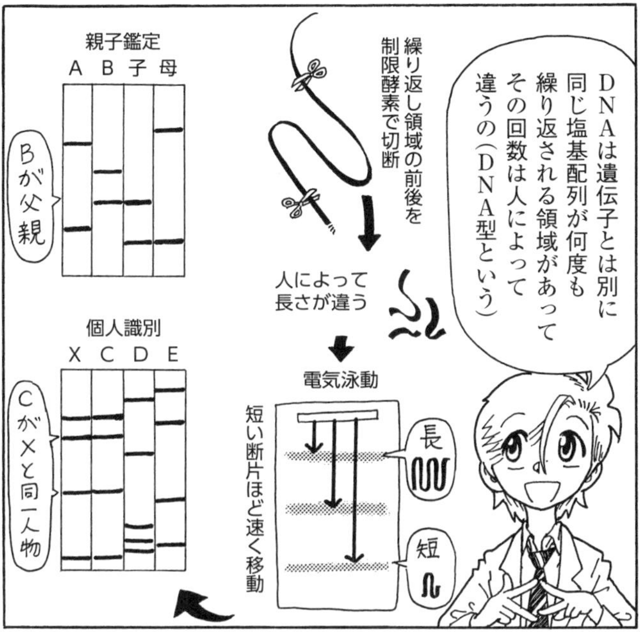
DNAは遺伝子とは別に同じ塩基配列が何度も繰り返される領域があってその回数は人によって違うの（DNA型という）
繰り返し領域の前後を制限酵素で切断
人によって長さが違う
電気泳動
長
短
短い断片ほど速く移動
親子鑑定
A B 子 母
Bが父親
個人識別
X C D E
CがXと同一人物

いま主流の方法だと赤の他人どうしが偶然完全一致する確率は約4兆7000億分の1！
$\frac{1}{4.7\times10^{12}}$
ほえ〜

でもDNA鑑定って前にすげー冤罪《えんざい》やらかしてねーか？
足利事件ね
当時は百数十人に一人が一致する程度の技術で誤差もとても大きかったのよ

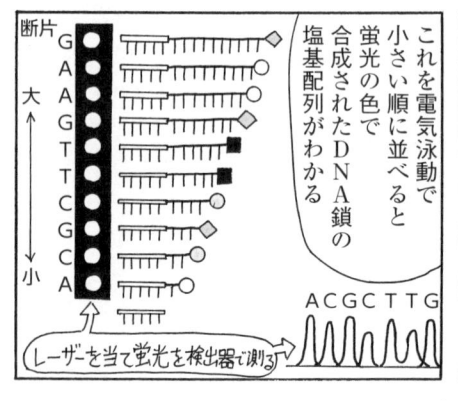

あの事件は警察が科学捜査の研究予算を確保するため強引に「DNA鑑定が唯一の証拠で犯人特定」の実績を作ろうとしたと言われている
とくとく
くどくど
「最先端の技術」ってのは逆にわからないところも多く慎重に進めないといけないという教訓だな
次いってくださいです
次は塩基配列の決定方法よ
(ダイターミネーター法)
PCR法で増やしたDNAをもう1回複製させるの
目的のDNA(一本鎖)
ポ DNAポリメラーゼ
A C G T dNTP
A C G T ddNTP
プライマー
ポ
ddNTPをとり込んだところで合成止まる
ただしDNAのヌクレオチド(dNTP)に
よく似たddNTPに蛍光染色したものを混ぜておく
そうするといろいろな箇所で合成の止まったDNA鎖が混ざった状態になるので……
これを電気泳動で小さい順に並べると蛍光の色で合成されたDNA鎖の塩基配列がわかる
断片
G A A G T T C G C A
大
小
ACGCTTG
レーザーを当て蛍光を検出器で測る

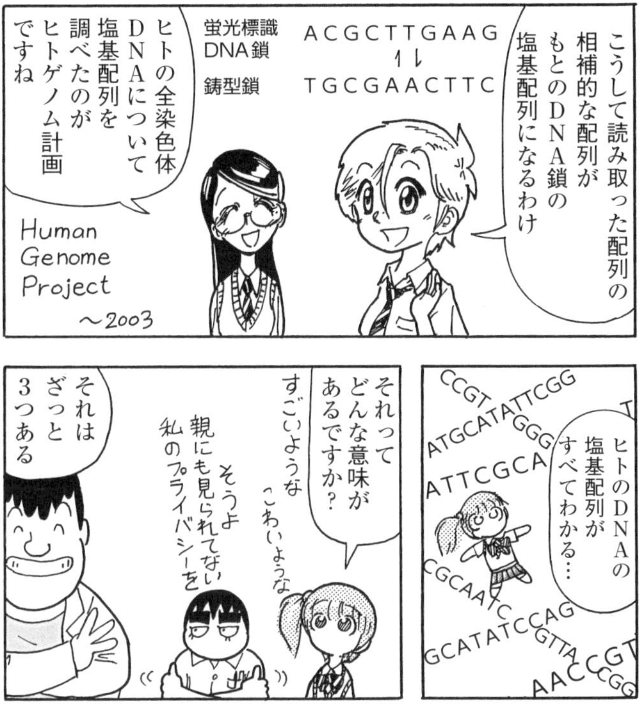
こうして読み取った配列の相補的な配列がもとのDNA鎖の塩基配列になるわけ
蛍光標識DNA鎖 ACGCTTGAAG
鋳型鎖 TGCGAACTTC
ヒトの全染色体DNAについて塩基配列を調べたのがヒトゲノム計画ですね
Human Genome Project ～2003
ヒトのDNAの塩基配列がすべてわかる…
それってどんな意味があるですか？
すごいような
こわいような
そうよ親にも見られてない私のプライバシーを
それはざっと3つある
まずは遺伝子の場所や働きを研究して登録するための基礎データだな
イメージ
DNA塩基配列
タンパク質構造⇌機能
ヒトの遺伝子の数はだいたい2万5000といわれているの＊
多いですねー
ところがその数は単細胞のパン酵母の約4倍だった

＊約2万2000とする研究もある

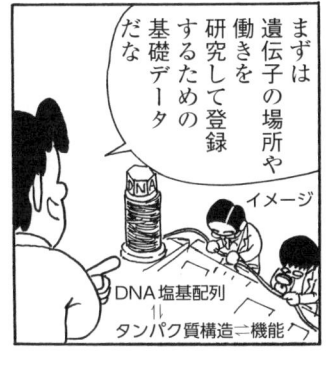

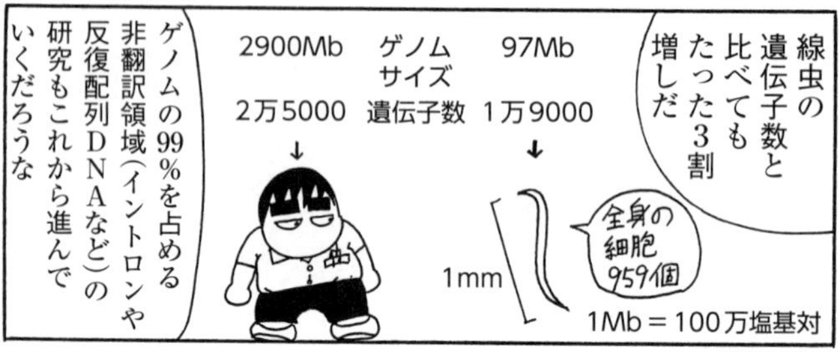
線虫の遺伝子数と比べてもたった3割増しだ
2900Mb　ゲノムサイズ　97Mb
2万5000　遺伝子数　1万9000
全身の細胞959個
1mm
1Mb＝100万塩基対
ゲノムの99％を占める非翻訳領域（イントロンや反復配列DNAなど）の研究もこれから進んでいくだろうな

次が医療分野への応用だな
診断や治療などあらゆる段階で応用されているのね
遺伝子診断
遺伝子が関係する病気について
保因者か発症するかがわかる
血友病　ハンチントン舞踏病
デュシェンヌ型筋ジストロフィー
遺伝子治療
患者から取り出した
骨髄細胞に正常遺伝子を
導入して骨髄に戻す
骨髄細胞
血液の病気の治療
病気の原因DNA（またはmRNAや
転写因子）と結合する人工核酸を
送り込み発症を抑える
人工核酸
疾患原因DNA
がん　エイズ　白血病
ウイルス網膜炎
動脈硬化
ゲノム創薬
ヒトの代謝能や薬の輸送にかかわる機能を遺伝子レベルで調べ薬剤を分子レベルで設計
オーダーメイド治療
（テーラーメイド治療）
患者の遺伝子情報から
薬の効き目や安全性・
適量を割り出してベス
トの処方をする

3つ目は何ですか？
えーと
遺伝子組換えで作物の品種改良とかに役立つよな
それから進化の道筋を追うのにも役立つんだ
人類の進化 人種間の差異 人類の分布 移動ルート
「3つある」ってとりあえず言っといて後から考えませんでした？
ノーコメント
この進化をたどったりオーダーメイド治療で大事なのがSNP
SNP(s)《スニップ(ス)》
ヒトの塩基配列は約1000個に1個が個人によって違うからそれを調べ比較するの
アイドルグループスニップスでーす♡
ということはDNAの99・9%は人類みな同じなんですね
0.1%のSNPもすずちゃんと私一致してる所が多いでしょうね
DNAの二重らせんモデルでノーベル賞とったワトソンはその後も学界の重鎮として君臨してるんだが「黒人は知能が低い」とか問題発言が多くてなそんな彼が2007年に自分のゲノムを公開したら平均的白人がもつ16倍もの黒人由来の遺伝子が含まれていたそうだ
ガーン
さいですか

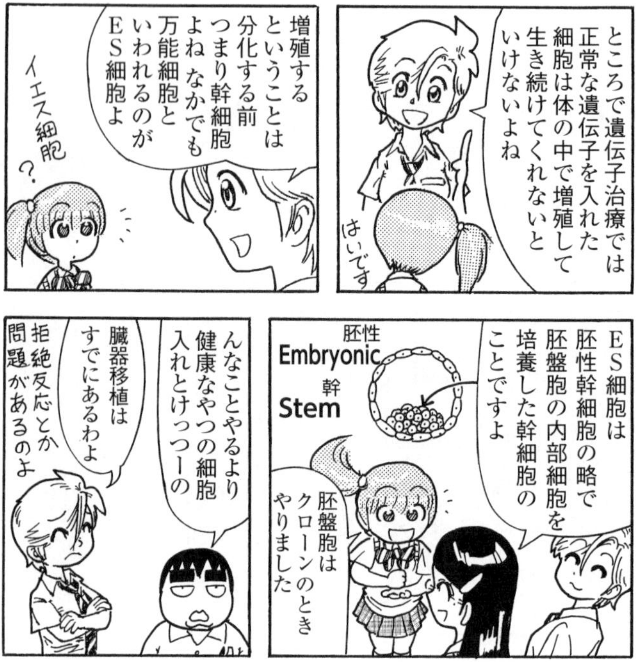
ところで遺伝子治療では正常な遺伝子を入れた細胞は体の中で増殖して生き続けてくれないといけないよね
はいです
増殖するということは分化する前つまり幹細胞よね なかでも万能細胞といわれるのがES細胞よ
イエス細胞？
ES細胞は胚性幹細胞の略で胚盤胞の内部細胞を培養した幹細胞のことですよ
胚性
Embryonic
幹
Stem
胚盤胞はクローンのときやりました
んなことやるより健康なやつの細胞入れとけっつーの
臓器移植はすでにあるわよ
拒絶反応とか問題があるのよ

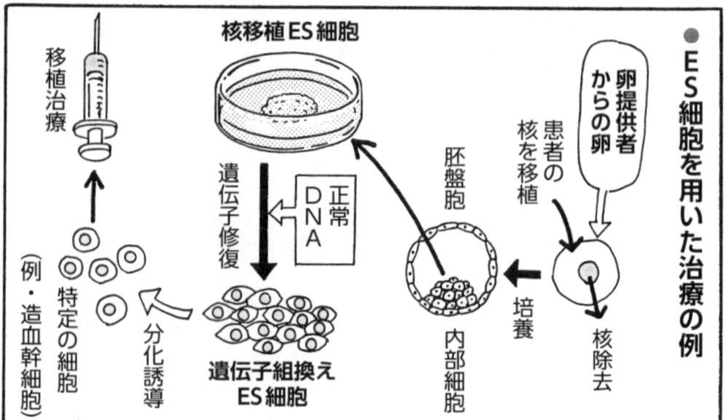
●ES細胞を用いた治療の例
卵提供者からの卵
患者の核を移植
核除去
培養
胚盤胞
内部細胞
核移植ES細胞
遺伝子修復
正常DNA
遺伝子組換えES細胞
分化誘導
特定の細胞
(例・造血幹細胞)
移植治療

ただし核移植でない
ES細胞は
患者にとって
他人の細胞だから
体に入れられないの
・患者とは他人
・1つの個体
それとES細胞を
新たに作る場合
1人の人間になる
ことができる胚を
女性から提供してもらう
必要があるうえ
それらを犠牲にしないと
作れないので倫理上の
問題があるの＊

＊ふつうは不妊治療に用意した余りを用いる

某国では女性部下に
胚を提供させてた
自称ノーベル賞
候補がいてな
どれも
大変な
問題ですね
しかたない
あきらめる!!

2012年ノーベル生理学・医学賞受賞!!

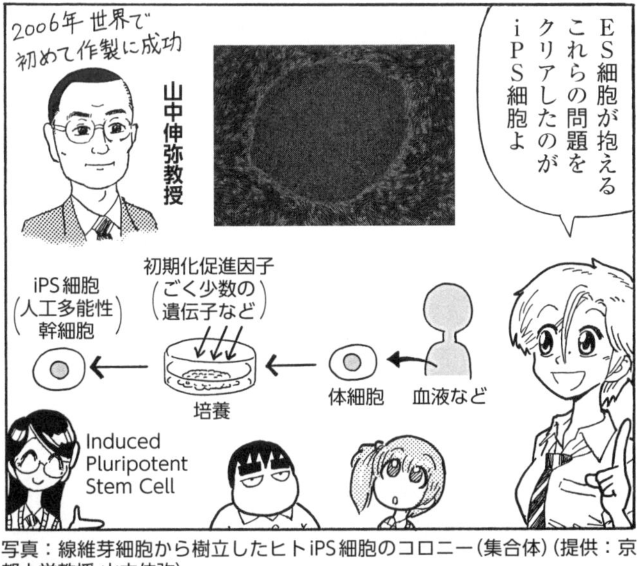
ES細胞が抱える
これらの問題を
クリアしたのが
iPS細胞よ
2006年 世界で
初めて作製に成功
山中伸弥教授
血液など
体細胞
培養
初期化促進因子（ごく少数の遺伝子など）
iPS細胞（人工多能性幹細胞）
Induced
Pluripotent
Stem Cell

写真：線維芽細胞から樹立したヒトiPS細胞のコロニー（集合体）（提供：京都大学教授 山中伸弥）

すごい!
iPS細胞
患者本人から作った
分化
心筋細胞
神経細胞
肝細胞
膵《すい》細胞
再生医療
細胞移植治療
臓器再生移植
研究にも活躍
病気の原因究明
薬の副作用検査
ES細胞より分化能が限定されてたり以前はがん化しやすい欠点があったので激しい研究競争が続いているぞ
といったところね長くなったけどバイオテクノロジーについてわかったかしら?
すごいです
すげーなバイテク! そのうちクローン人間できるんじゃね?
ああ夢のクローン社会!
・主人公以外クラス全員偉人のクローン
・銀河共和国防衛のため宇宙一の賞金稼ぎの遺伝子で作られた軍団
・臓器提供のため施設で大切に育てられるクローン少年少女たち
・クローンには人権なんてないので狩りの獲物
何とんでもないこと言ってるのよ!
それ映画やマンガに出てきたクローンの話だよ

いやー驚いたよ
この春に転任してこられて3ヵ月で突然のこのニュース！
校長
Last Lesson ⋙ 生物とは何か
木原先生
はい
本校《うち》でも最近記憶にないなあ
校長
このことは生徒には？
生物部
ええまあ

生物実験室
こんにちはー
あ 先生いる
いつもは準備室にいるですけど
そうだ先生 生物五輪予選まで 1ヵ月切りましたし そろそろ過去問とか 対策を
ああ そうだな
すまんが その前に 今日は話を させてくれ
はい…
君たちに 聞こう
生物とは 何だ?

「君たち」……？
それは生物とそうでないものとの違いということですか？
そうだ 菜村どうだ？
えと……息をしてる？
そうだな
それはどういうことか？
代謝をすることと物質を体の外から出し入れすることとの意味があります
他にはどうだ？森野
生物は動く どや
刺激
環境
生物
？
？
植物もですか？
成長するときとか気孔とか
その動きというのはまわりの環境に応じて行われるつまり生物は刺激に反応するということだ

他にないか？
生物は必ず死にますからその前に子孫を残します
うむ こんな特徴があるわけだな
① 物質を出し入れする
② 代謝をする
③ 刺激に反応する
④ 子孫を残す
とりあえずここまでで話を進めよう
それではこの４つの要素について生物とそうでないものの判別に使えるか考えてみよう
たとえば…ロボット？
①②は…… 電気で動く機械はあてはまらないですね
燃料で動く機械は？
光エネルギー
CO_2
O_2
O_2
CO_2
動かないけど自分で物質を出し入れする
③は声や物に反応するお掃除ロボット等がありますね
④は…産業用ロボットでも自分の子孫を作るものはないよね…？
おはよう
おう久しぶりの掃除だな
エサいらないしウンチもしないボ
組み立てだけだし

「必ず死ぬ」は生を先に定義しないと語れない

こんなところか
生物 ○○○○
ロボ △△△×
① ② ③ ④
ほかに生物と機械の違いはあるか?
ロボットは成長しないです
そうだな 生物は成長する 物質を取り込み代謝して体を作る
機械は活動のためだけに燃料や電気を消費する
ではこれについてはどうだろう
台風
雲
熱エネルギーや水蒸気を取り込んで成長したり移動したりしますね
代謝(化学変化)はないけど
風に対して逆走とかしねーけどな
よな?
そうだな 台風に外部環境に逆らうしくみはない
そして生物には台風とは違うもう一つの特徴がある
菊樹

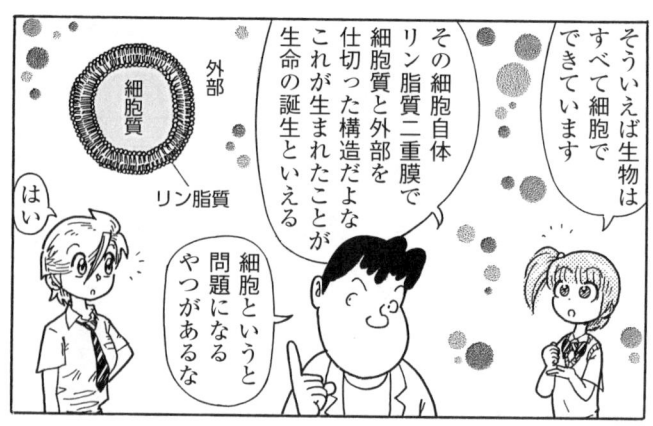

外界と内部の境界があるということですね
そう 雲や台風には内外を分ける境界はないし ロボットや機械も潜水艦みたいに密閉されてなければ同様だ
燃料燃やしたり 冷却のために 外気入れるよな
私の体密閉されてないですよ
鼻の穴とか口とか
呼吸器や消化管内の空間は「体外」だ
「体内」を構成する細胞や体液はすき間なく表皮で体外と隔てられている
内
外
内
外
外
内
外
内
内
そういえば生物はすべて細胞でできています
その細胞自体リン脂質二重膜で細胞質と外部を仕切った構造だよな これが生まれたことが生命の誕生といえる
外部
細胞質
リン脂質
細胞という問題になるやつがあるな
はい

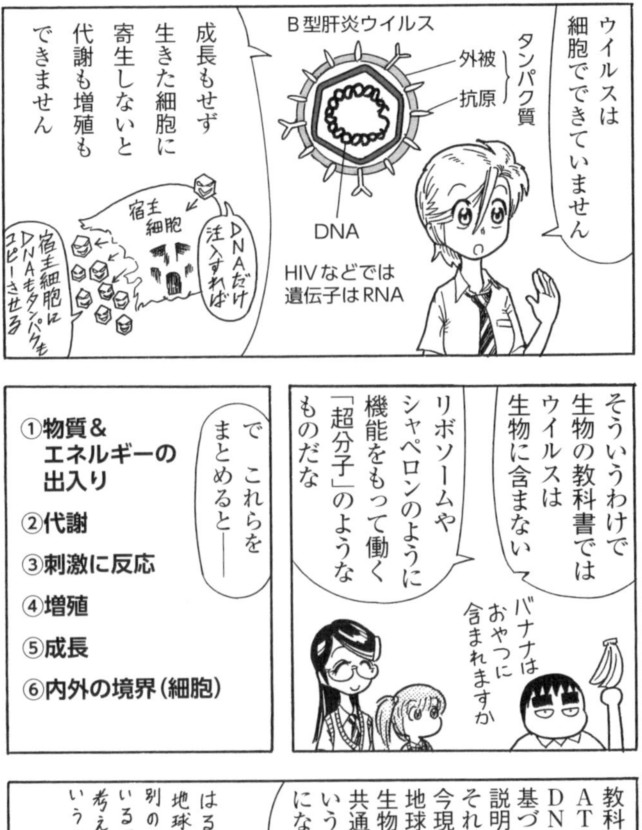
ウイルスは細胞でできていません
B型肝炎ウイルス
外被
抗原
タンパク質
DNA
HIVなどでは遺伝子はRNA
成長もせず生きた細胞に寄生しないと代謝も増殖もできません
DNAだけ注入すれば
宿主細胞
宿主細胞にDNAもタンパクもコピーさせる
そういうわけで生物の教科書ではウイルスは生物に含まない
リボソームやシャペロンのように機能をもって働く「超分子」のようなものだな
バナナはおやつに含まれますか
で　これらをまとめると――
①物質＆エネルギーの出入り
②代謝
③刺激に反応
④増殖
⑤成長
⑥内外の境界（細胞）
教科書では②はATPを介するとかDNAの遺伝情報に基づいて活動するとか説明されるがそれはまあ今現在地球上にいる生物の共通点ということになる
はるか昔とか地球外に別の形の生命がいる可能性も考えられるということですね

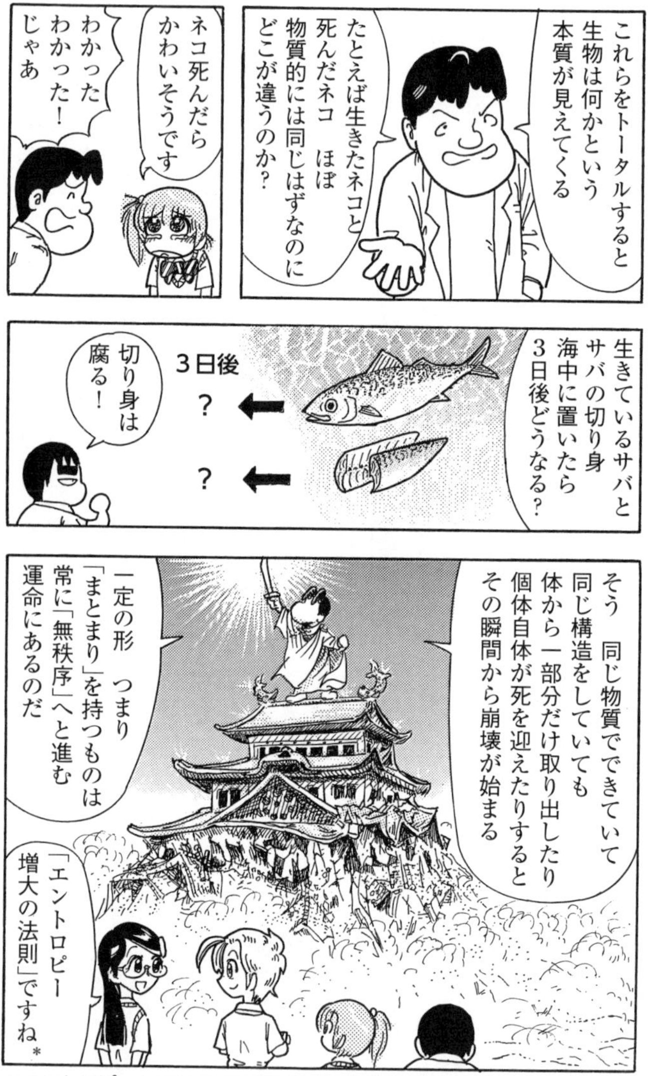

これらをトータルすると生物は何かという本質が見えてくる
たとえば生きたネコと死んだネコ　ほぼ物質的には同じはずなのにどこが違うのか？
ネコ死んだらかわいそうです
わかったわかった！じゃあ
生きているサバとサバの切り身海中に置いたら3日後どうなる？
3日後
？
？
切り身は腐る！
そう　同じ物質でできていて同じ構造をしていても体から一部分だけ取り出したり個体自体が死を迎えたりするとその瞬間から崩壊が始まる
一定の形　つまり「まとまり」を持つものは常に「無秩序」へと進む運命にあるのだ
「エントロピー増大の法則」ですね＊

＊エントロピーとはここでは分子や原子の集合がばらばらになる「乱雑さ」の度合いを示す

生物というのは外部から物質やエネルギーを取り入れ
刺激に反応してその影響を防いだり利用したり
物質を分解したり合成したりして体を作り
成長したり子孫を残したりすることで自分を維持するしくみそのものと言える
その能力をもつ装置として地球上に生まれた発明が細胞というわけだ
ここで大事なのは自分を維持するため常に破壊と再生が続けられているということなんだ
細胞を作るリン脂質の膜やタンパク質は常に合成と分解で入れ替わっている
NEW
OLD
体を構成する細胞も新しいものが生まれ古いものは消えてゆき年に99%以上入れ替わる

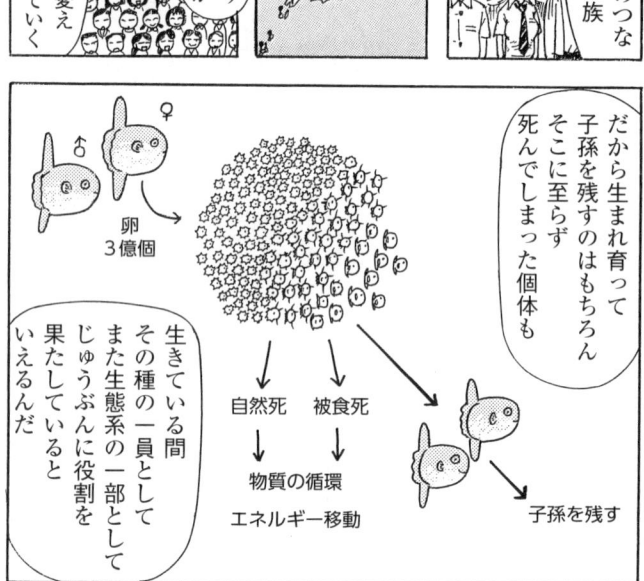

そして我々
一つ一つの個体も
生まれ成長して
成長
繁殖
死
子孫を残して
そして死ぬことで
集団が維持されていく
たとえば血のつな
がった親族一族
さらに
ヒトという
1つの種が
少しずつ姿を変え
ながら存続していく
だから生まれ育って
子孫を残すのはもちろん
そこに至らず
死んでしまった個体も
♀
♂
卵
3億個
自然死
被食死
物質の循環
エネルギー移動
子孫を残す
生きている間
その種の一員として
また生態系の一部として
じゅうぶんに役割を
果たしていると
いえるんだ

つまり我々は息をしているだけでもこの瞬間
生態系の物質循環の中ですべての生物とつながっているんだ
そういうわけでこの世の生物に意味のない一生なんてない
君たち一人一人も自分が思う悔いのない人生を生きてくれ
先生どうしたんですか？
急に生命とか人生の話なんて
変か？
ちょっとふしぎです
今日の話は余計なことを耳に入れず聞いて考えてほしかったのだが――
特別な理由があるのですか？
まあじつはだな

この木原竹彦が青葉楠高校生物部の顧問でいるのは
今日が最後だからだ
え!?
どういうことですか!?
急にすまないが決まったことだ
生物五輪挑戦はどうなるんですか!?
ああそれは—

あとのことは明日菱岡先生に聞いてくれ以上だ
ひちりきホッキョッキョ
そんなわけわかんないですよ
もう遅いぞ皆帰れよ
どういうことよ…
うーむ この唐突な展開…
ガラ…
パ
学校の金に手をつけたか部長の他にも女子生徒に手を出したかしたのではないだろうか
そんで今日突然失跡 or 出頭
……
ドロン
御用
部長うんぬんはやめてください

翌朝――
昨日のは いったい 何だったのよ
どよん
菱岡先生に 聞いて みましょう
おはようです！
あ
さっそく
菱岡 先生ー
ダッ
おはようです！
おう なんだ!?
ぬいっ

え!?
おー
おはよう
おまえら
みんな
どうした
の?
えいっ
やっぱり♪
お二人結婚されて木原
先生の名字が「菱岡」に
なったんですね
正解♪
まだ
言って
なかったの?
ええ!?
なんでそんな
急に!?
それは
だなあ…

へえ おじいさんが入院されたんですか
ええ 転んで骨折しちゃって
そしたら急にすぐ結婚しろひ孫の顔が見たいってうるさくて
命にかかわるわけでもないのに
前々から菱岡の姓にこだわってたからそれもあるのかな…
私なら名字変わってても全然ＯＫですよ
お 立候補ですか?
ハハハ
いやあ
じゃ
しよっか? 結婚

はい
というわけで
昨日の帰りに入籍してきたってわけだ
おいおいまるで二度寝の夢だな
じゃあ生物部の顧問やめるとか学校やめたりは
まったくないぞ
永らくご愛顧いただきました木原竹彦に代わって――
今日からは菱岡竹彦が鍛えてやるぞ

ゴロゴロゴロ
ドッ
あらあら女の子に張られたくらいでなさけないなー
掌底掌底
そういうことならなんでちゃんと言ってくれなかったんですか！
くわっ
ひゃ

ああ…
!
もしかして菊樹 俺にほれてた？
ないです
ねえよボケ
NO WAY!
そんなこと言ってると次は本気で殴られるわよ
しぃまっしぇん
ブチッ
ブチ
本《ほん》っ当《とう》に頭きた!!
ゴゴゴ
ゴゴ
ゆうべ私さんざん考えて覚悟を決めたんですよ
キッ
先生いなくても私たちだけで生物五輪に向けて頑張るって

ばっ
!
計画と対策問題集作りましたから先生はどこでも行ってて結構です
え…
おめでとうございます
ありがとう
それは部活の時間久美さんと2人にしてくれるって事…?
本当にいいかげんにしなさい
これまでと大きくは変わらないですね
みんなよろしくね!
はいです!
生物部《おれたち》の闘《たたか》いはこれからだ!
おーい
完読ありがとうございました!!

監修者あとがき

教科書を学校で配られても開いたことがないという声を聞くなかで、次の世代にいかにしてメッセージを伝えるか、そのような問いを持つ私が本書を興味深く読んだ。大学に来る留学生に日本に来たきっかけを尋ねると、マンガ、アニメという言葉がごく普通にでてくる時代である。国際語となったmangaで勉強という流れも自然なものなのであろう。本書を読むと、学校の教室での掛け合いで話が進むため、やり取り、会話などを通して、託されたメッセージが生き生きと伝わる。

本書は高校生物学の範囲をメインに生命科学を紹介しているが、教科書のような堅苦しさはまったくない。舞台設定は高校生の有志が国際生物学オリンピックの出場を目指して、お互いを切磋琢磨しあうというものである。理解している者はさらに理解を深め、初心者は先輩から個性ある教わり方をする。これはまさに大学でアクティブラーニングと称し、今後めざす勉学の一つのスタイルであることに気付いた。教科書に沿った進行と異なり、画一的でないところが特徴である。イラストも丁寧で、実際の生命現象を視覚的に伝えるにふさわしい。世間で起こっていることと関わる部分から触れられていて、生きた知識となりやすい。この本をきっかけにさらに生命科学の本を読んだり、昨今のニュースの専門的な部分をわかろうとする努力へと、自然とつながることが期待される。

高校生にとっては教科書のように羅列式に語られるより、生命科学の真髄がより伝わりやすいことも考えられる。教科書では発展的な話題として囲みで紹介されている部分だから、扱いを控えるといったこともないので、全体像を基礎から先端まで関連づけて理解しやすいのではないか。受験勉強を始める前に読んでみると、それまで見えなかった生命科学の流れに目覚めるかもしれない。一般の大人にとっても、あらためて生物学を学びなおしたり、知識を整理するのにふさわしいものとなっている。

渡邊雄一郎

参考文献

『キャンベル生物学』丸善出版、2007
林泰史『骨の健康学』岩波新書、1999
藤田恒夫、牛木辰男『カラー版　細胞紳士録』岩波新書、2004
左巻健男『素顔の科学誌』東京書籍、2000
永田和宏『タンパク質の一生』岩波新書、2008
薄井坦子『ナースが視る人体』講談社、1987
薄井坦子『ナースが視る病気』講談社、1994
東京工業大学大学院生命理工学研究科編『図解バイオ活用技術のすべて』工業調査会、2004
水野丈夫・浅島誠『理解しやすい生物　生物基礎収録版』文英堂、2012
鈴木孝仁監修『フォトサイエンス生物図録』数研出版、2012
長野敬、牛木辰男監修『サイエンスビュー生物総合資料』実教出版、2013
和田勝『基礎から学ぶ生物学・細胞生物学』羊土社、2011
ニュートン別冊『病気がわかる本』ニュートンプレス、1996
ニュートン別冊『生命に関する７大テーマ』ニュートンプレス、2011
ニュートンムック『細胞のすべて』ニュートンプレス、2009
週刊朝日百科『植物の世界 16』朝日新聞社
福岡伸一『生物と無生物のあいだ』講談社現代新書、2007

ヘモグロビン	81
ヘリカーゼ	57
べん毛	158
胞子生殖	144, 150
胞子体	150
紡錘糸	94, 103, 104, 154
紡錘体	95
胞胚	175
胞胚腔	175, 179
母細胞	94, 96
補足遺伝子	223
ホモ	217
ポリペプチド	72, 79
翻訳	28, 72, 79

〈ま行〉

膜進化説	41
末梢神経	118
マリス	253
マンゴルト	196
密度勾配遠心法	59
ミトコンドリア	20, 34, 134
耳	127
むかご	143
娘細胞	94, 96
無性生殖	139, 147, 150
メセルソン	57
メンデル	210, 224
モーガン	225
モータータンパク質	31, 106
木部	124
モザイク卵	194

〈や行〉

山中伸弥	240, 263
有機物	198
雄原細胞	164
優性	210
有性生殖	139, 147, 150
雄性配偶子	146
誘導	197, 206
誘導の連鎖	206
輸送タンパク質	86
羊膜	187, 189
葉緑体	21, 37, 124
抑制遺伝子	223
四次構造	81

〈ら・わ行〉

卵	146, 159
卵黄	174, 186
卵黄のう	187, 189
卵割	171, 172, 174, 188
卵形成	159
卵細胞	164
卵巣	188
卵胞	160
卵胞細胞	163
卵膜	161, 162
リガーゼ	247
リソソーム	20, 30
リボース	65
リボソーム	20, 28, 72, 79
リボソームRNA	73
リン酸	51
リン酸カルシウム	120
リン脂質	86
劣性	210
連鎖地図	220
ろ胞	160
ワトソン	52, 261

索引

内胚葉 …… 176, 179, 181, 182, 204
内部細胞 …… 189, 239, 262
軟骨組織 …… 120
ニーレンバーグ …… 73, 74
二価染色体 …… 155
二次間充織 …… 176
二次極体 …… 163
二次構造 …… 81
二次精母細胞 …… 158
二次胚 …… 196
二次卵母細胞 …… 163
日本生物学オリンピック …… 12, 18
ニューコープ …… 204
ニューコープセンター …… 205
ニューロン …… 118
尿のう …… 187, 189
ヌクレオソーム …… 100
ヌクレオチド …… 51, 65
脳 …… 127
能動輸送 …… 86

〈は行〉

ハーシー …… 63
胚 …… 164, 172, 186
灰色三日月環 …… 169, 173, 195
バイオテクノロジー …… 227
胚珠 …… 164
排出系 …… 123
倍数性 …… 233
胚性幹細胞 …… 262
胚乳 …… 164
胚のう …… 164
胚盤 …… 186
胚盤胞 …… 189, 239, 262
排卵 …… 160, 188
白色脂肪細胞 …… 134
破骨細胞 …… 129
発現 …… 64
ハバース管 …… 128
盤割 …… 174, 186

伴性遺伝 …… 221, 222
反足細胞 …… 164
半保存的複製 …… 57
ヒアルロン酸 …… 120
尾芽胚 …… 181
微小管 …… 31, 94, 104
ヒストン …… 100
ヒトゲノム計画 …… 259
ヒトゲノムマップ …… 99, 220
ヒトの発生 …… 188
表割 …… 174
表現型 …… 210, 212
表皮 …… 114, 181
表皮系 …… 124
品種改良 …… 231
フォークト …… 201
フォールディング …… 85
不完全顕性 …… 213
不完全連鎖 …… 219
複相 …… 101
複対立遺伝子 …… 214
不随意筋 …… 117
フック …… 22
不等割 …… 174
プライマー …… 253
プラスミド …… 246, 249
フランクリン …… 55
プルテウス幼生 …… 177
プロトプラスト …… 243
分化 …… 109
分化全能性 …… 237
分離の法則 …… 210
分裂(生殖法) …… 140
分裂期 …… 108
分裂準備期 …… 108
平滑筋 …… 117
ベクター …… 246
ペクチナーゼ …… 243
ヘテロ …… 217
ペプチド結合 …… 69

セントラルドグマ	47
セントロメア	105
繊毛	115
前葉体	150
桑実胚	174, 189
走出枝	143
相同染色体	97, 100, 156
相補的結合	52, 66
側鎖	68
側板	181, 183, 186
組織	115, 198
組織系	115, 124
粗面小胞体	20

〈た行〉

ターナー症候群	233
第一極体	159
第一分裂	154, 156
体外受精	161
大核	115
大割球	172
体腔	182
体細胞クローン	241
体細胞分裂	94, 156
体節	180, 181, 186
ダイターミネーター法	258
第二極体	159
第二分裂	154, 156
対立遺伝子	210
対立形質	210
ダウン症候群	233
だ腺	116
脱分化	236
単為生殖	152
端黄卵	174
単細胞生物	115
単子葉類	125
単相	101
タンパク質合成	78
チェイス	63

チェルマク	225
チミン	52
着床	189
中央細胞	164
中割球	172
中間雑種	213
中心体	20, 94, 104
中枢神経	118
中胚葉	176, 179, 181, 182, 204
中片	158
調節卵	194
頂端分裂組織	125
重複	233
重複受精	164
デオキシリボース	51, 65
デオキシリボ核酸	51
転移RNA	72
転座	233
転写	28, 66, 78
伝令RNA	67
糖	91
等黄卵	174
同化組織	124
等割	174
道管	125
同形接合	146
動原体	95, 105, 106
糖鎖	89
動物極	168, 172, 193
動物細胞	20
動物半球	168
独立の法則	212
突然変異	232
ド・フリース	225
トランスジェニック	252
トランスロコン	87
トリプレット	71

〈な行〉

内臓筋	117

索引

語	ページ
姉妹染色分体	95, 100, 104, 105, 156
シャペロン	85
収縮胞	115
雌雄同体	151
柔毛	116, 122, 126, 189
樹状突起	118
受精	146, 160, 161, 188
受精丘	161
受精膜	161, 162, 172
受精卵	172
出芽	142
受動輸送	86
受粉	164
シュペーマン	196, 202
シュワン細胞	118
循環系	123
消化管	181
小核	115
消化系	122
小割球	172
条件遺伝子	223
常染色体	97
小腸	116, 122, 126
上皮組織	116
小胞体	20, 28, 87
しょう膜	122, 187, 189
植物極	168, 172, 193
植物細胞	21
植物半球	168
植物ホルモン	237
食胞	115
助細胞	164
心黄卵	174
真核細胞	19
心筋	117
神経冠	179, 181
神経管	179, 181, 186
神経系	123
神経細胞	118
神経鞘	118
神経組織	118
神経胚	179
神経板	179
新口動物	177
腎節	181
真皮	116, 119
随意筋	117
髄鞘	118
水素結合	80, 247
スタール	57
ストロン	143
スニップ	261
スプライシング	76, 78
制限酵素	247
精原細胞	158
精細胞	158, 164
精子	146, 158, 190
星状体	94, 104, 154
生殖腺刺激ホルモン	207
性染色体	97, 221
生体膜	86
脊索	180, 181, 186, 195
赤道面	95, 105, 155, 168
赤緑色覚異常	222
石灰化	129
接合	147
接合子	145, 146
ゼリー層	161, 162
セルラーゼ	243
繊維芽細胞	120
繊維状結合組織	120
腺上皮	116
染色体	97, 98, 100
染色体地図	220
染色体突然変異	233
染色分体	95
潜性	210
前成説	191
先体	158
先体反応	162, 163

クロマチン繊維	100
経割	172
形質転換	62
形成層	125
形成体	197, 206
茎頂分裂組織	238
結合組織	119
欠失	233
血友病	222
ゲノム	101
ゲノム創薬	260
原核細胞(生物)	40, 77
原基分布図	202
原口	176, 179
原口背唇部	195
減数分裂	…145, 153, 154, 156, 158, 159, 164
顕性	210
原腸	176, 179
原腸胚	176, 179
検定交雑	217, 218
膠原繊維	120
光合成	37
光合成色素	38
酵素	33
腔腸動物	193
孔辺細胞	124
呼吸	35
国際生物学オリンピック	18
骨格筋	117, 128
骨格系	123
骨細胞	120, 129
骨組織	120, 128
骨片	177
コドン	71
コラーゲン	120
コラーゲン繊維	129, 132
コラーナ	74
ゴルジ体	20, 21, 29, 108
コレンス	225
コロニー	249
根冠	125
根端分裂組織	125

〈さ行〉

細菌	40
最適pH	33
最適温度	33
サイトカイニン	237
細胞	19
細胞咽頭	115
細胞学的地図	220
細胞群体	115
細胞呼吸	35
細胞骨格	20, 31
細胞質基質	21
細胞質分裂	94, 108, 155
細胞周期	108
細胞小器官	20
細胞体	118
細胞内共生	41
細胞板	96, 108
細胞壁	21
細胞膜	20, 86
細胞融合	243
柵状組織	124
雑種第1代	210
雑種第2代	211
三次構造	81
三倍体	243
師管	125
軸索	118
始原生殖細胞	158, 159
雌性配偶子	146
シトシン	52
シナプス	118
師部	124
子房	164
脂肪幹細胞	132
脂肪組織	119, 132

索引

イントロン	76, 78
ウィルキンス	55
ウイルス	271
ウラシル	65
運搬RNA	72
運搬体	86
衛星細胞	118, 128
エイブリー	62
栄養器官	124
栄養生殖	142
エキソン	76, 78
液胞	21, 38
枝変わり	231
エレクトロポレーション法	251
塩基	51
横紋筋	117
オーガナイザー	197
オーキシン	237
おしべ	164
オルガネラ	20

〈か行〉

ガードン	240
外胚葉	176, 179, 181, 182, 204
海綿状組織	124
核	20, 24
核型	98
角質層	114
核小体	24
核相	101
核膜	24
角膜	206
核膜孔	24
割球	171
褐色脂肪細胞	134
滑面小胞体	20
花粉	164
カルス	237
カルネキシン	88
カルボキシ基	68
感覚上皮	116
間期	94, 108
幹細胞	114, 126
間充織細胞	176
眼杯	187, 206
眼胞	206
キアズマ	154
器官	115, 122, 124, 197
器官系	115, 122
気孔	124
基質特異性	33
基底膜	114, 128
キネシン	31, 104
キネトコア	105
基本組織系	124
逆位	233
逆転写	246
旧口動物	178
吸収上皮	116
嗅上皮	116
共生説	41
共優性	214
局所生体染色法	201
極体	159
極帽	96
筋組織	117, 128
筋肉系	123
筋肉組織	117
菌類	39
グアニン	52
組換え	218
組換え価	219
クラインフェルター症候群	233
グリコーゲン	91
クリック	52
グリフィス	62
グルコース	91
グルタミン酸	53, 68
クローン	144, 236
クローンヒツジ	242, 252

索　引

〈数字・アルファベット〉
3点交雑 ……………………………219
ABO式血液型………………………214
ADP …………………………………37
ATP …………………………………37
cDNA ………………………………246
DNA…………………………25, 51, 78
DNA型 ………………………………257
DNA鑑定 ……………………………256
DNA合成準備期 ……………………108
DNAポリメラーゼ ……………57, 254
ES細胞 ………………………………262
F_1品種 ………………………………235
G_1期 …………………………………108
G_2期 …………………………………108
iPS細胞 ……………………………263
MN式血液型 ………………………214
mRNA……………………………67, 78
M期 …………………………………108
PCR法 ………………………………253
RNA …………………………………26
RNA前駆体 …………………………76
RNAポリメラーゼ ……………66, 78
rRNA …………………………………73
SNP …………………………………261
S-S結合 ………………………………80
S期 …………………………………108
tRNA ……………………………72, 78

〈あ行〉
アクアポリン ………………………86
アクチビン …………………………204
アグロバクテリウム法 ……………251
浅島誠………………………………204
アセチルコリン ……………………184
アデニン………………………………52
アデノシン三リン酸 ………………37
アニーリング ………………………254
アミノ基………………………………68
アミノ酸 …………………………68, 79
アラニン………………………………68
アルビノ ……………………………240
アレル ………………………………210
アンチコドン…………………………72
アンチセンス…………………………75
アントシアン…………………………38
アンピシリン ………………………249
イオンチャネル………………………86
イオンポンプ…………………………86
鋳型鎖 ……………………………75, 78
緯割 …………………………………172
維管束系 ……………………………124
異数性 ………………………………233
一次間充織 …………………………175
一次構造………………………………80
一次精母細胞 ………………………158
一次卵母細胞 ………………………159
遺伝暗号表……………………………71
遺伝子型 ……………………………210
遺伝子組換え ……………………245, 246
遺伝子組換え植物 …………………251
遺伝子座 ……………………………220
遺伝子銃 ……………………………251
遺伝子修復 …………………………262
遺伝子診断 …………………………260
遺伝子地図 …………………………220
遺伝子治療 …………………………260
遺伝子突然変異 ……………………232
遺伝的多様性 ………………………150

N.D.C.460　294p　18cm

ブルーバックス　B-1872

マンガ 生物学《せいぶつがく》に強《つよ》くなる
細胞、DNAから遺伝子工学まで

2014年 7 月20日　第 1 刷発行
2022年 3 月17日　第 4 刷発行

作　堂嶋大輔《どうじまだいすけ》
監修　渡邊雄一郎《わたなべゆういちろう》

発行者　鈴木章一
発行所　株式会社講談社
〒112-8001 東京都文京区音羽2-12-21
電話　出版　03-5395-3524
販売　03-5395-4415
業務　03-5395-3615
印刷所　（本文印刷）豊国印刷株式会社
（カバー表紙印刷）信毎書籍印刷株式会社
本文データ制作　株式会社フレア
製本所　株式会社国宝社

定価はカバーに表示してあります。

ISBN978−4−06−257872−1

発刊のことば

科学をあなたのポケットに

二十世紀最大の特色は、それが科学時代であるということです。科学は日に日に進歩を続け、止まるところを知りません。ひと昔前の夢物語もどんどん現実化しており、今やわれわれの生活のすべてが、科学によってゆり動かされているといっても過言ではないでしょう。

そのような背景を考えれば、学者や学生はもちろん、産業人も、セールスマンも、ジャーナリストも、家庭の主婦も、みんなが科学を知らなければ、時代の流れに逆らうことになるでしょう。

ブルーバックス発刊の意義と必然性はそこにあります。このシリーズは、読む人に科学的に物を考える習慣と、科学的に物を見る目を養っていただくことを最大の目標にしています。そのためには、単に原理や法則の解説に終始するのではなくて、政治や経済など、社会科学や人文科学にも関連させて、広い視野から問題を追究していきます。科学はむずかしいという先入観を改める表現と構成、それも類書にないブルーバックスの特色であると信じます。

一九六三年九月

野間省一